海绵城市规划设计与建设

刘 利 主编

中国建材工业出版社
北 京

图书在版编目（CIP）数据

海绵城市规划设计与建设/刘利主编．--北京：
中国建材工业出版社，2024.5
ISBN 978-7-5160-4085-0

Ⅰ.①海…　Ⅱ.①刘…　Ⅲ.①城市规划－研究－中国
Ⅳ.①TU984.2

中国国家版本馆 CIP 数据核字（2024）第 056125 号

海绵城市规划设计与建设
HAIMIAN CHENGSHI GUIHUA SHEJI YU JIANSHE
刘　利　主编

出版发行：中国建材工业出版社
地　　址：北京市西城区白纸坊东街 2 号院 6 号楼
邮　　编：100054
经　　销：全国各地新华书店
印　　刷：北京印刷集团有限责任公司
开　　本：787mm×1092mm　1/16
印　　张：10
字　　数：230 千字
版　　次：2024 年 5 月第 1 版
印　　次：2024 年 5 月第 1 次
定　　价：89.00 元

本社网址：www.jccbs.com，微信公众号：zgjcgycbs
请选用正版图书，采购、销售盗版图书属违法行为

本书如有印装质量问题，由我社事业发展中心负责调换，联系电话：(010)63567692

本书编写组

主　　编： 刘　利

参　　编： 王召强　白　晶　蒋海军　王　琳　刘　洁　龙海东
都治国　王德康　蔺世平　刘　周　李忠民　王　钦
谷统翰　王云龙　张　潮　张　晗　程甜甜　强小飞

前　言

我国城市内涝问题较为突出，近年来汛期“城市看海”现象屡屡发生。同时，我国水资源匮乏，人均水资源量不足全球人均的1/4。要解决城市内涝、水资源利用、雨水径流污染、合流制溢流污染等问题，亟待转变城市发展理念。海绵城市是一种城市发展的新理念，是城镇化绿色发展的重要方式，是与发达国家先进雨水管理理念接轨的中国方案。目前海绵城市建设已从原来的雨水“源头减控、过程控制、系统治理”发展为综合治水的国家战略。

为大力推进建设海绵城市，节约水资源，保护和改善城市生态环境，促进生态文明建设，2014年10月，住房城乡建设部编制印发《海绵城市建设技术指南——低影响开发雨水系统构建（试行）》（建城函［2014］275号），在技术层面为各地开展海绵城市建设提供了重要指引。2014年12月31日，财政部、住房城乡建设部、水利部发布《关于开展中央财政支持海绵城市建设试点工作的通知》（财建［2014］838号），2015年经济建设司发布《关于组织申报2015年海绵城市建设试点城市的通知》（财办建［2015］4号），在政策和资金层面落实海绵城市建设。2015年4月，16个城市进入海绵城市建设试点范围。2015年10月，国务院办公厅印发《国务院办公厅关于推进海绵城市建设的指导意见》（国办发〔2015〕75号）。为指导各地做好海绵城市专项规划编制工作，住房城乡建设部于2016年3月研究制定了《海绵城市专项规划编制暂行规定》。2022年4月，住房城乡建设部发布《住房和城乡建设部办公厅关于进一步明确海绵城市建设工作有关要求的通知》（建办城〔2022〕17号），提出建设海绵城市的具体措施，要因地制宜，并提出“正面清单”和“负面清单”。

青岛作为第二批试点城市，目前正有序开展海绵城市建设。2016年3月31日，青岛市人民政府办公厅出台《青岛市人民政府办公厅关于加快推进海绵城市建设的实施意见》（青政办发〔2016〕8 号），坚持创新、协调、绿色、开放、共享的发展理念，科学规划和统筹实施建筑与小区、道路与广场、城市绿地与公园、城市水系统建设，坚持试点先行、以点带面，努力实现海绵城市渗、滞、蓄、净、用、排的功能。海绵城市建设涉及水生态、水环境、水资源、水安全等多元目标，规划层面需要与传统的城市规划、市政专项规划、环境保护规划相协调，建设层面需要多部门、多专业协同合作，是一项复杂的系统工程。海绵城市建设需因地制宜，以国家规划为指引，兼顾地方政策，合理确定规划目标和指标，在摸清排水管网、河湖水系等现状的基础上，针对城市特点合理确定。为更好地对海绵城市建设合理规划布局、编制具体设计方案，我们组织编制了《海绵城市规划设计与建设》，供相关城市及单位参考。

编者

2024 年 4 月

目　　录

1　概述 …… 1

1.1　海绵城市内涵 …… 1

1.2　发展历程 …… 1

1.3　基本原则 …… 9

1.4　相关政策 …… 9

2　规划 …… 12

2.1　国土空间规划背景下的海绵城市 …… 12

2.2　海绵城市规划原则 …… 13

2.3　海绵城市评价标准 …… 14

2.4　海绵城市专项规划 …… 16

2.5　海绵城市详细规划 …… 19

2.6　海绵城市系统化实施方案 …… 25

3　设计 …… 30

3.1　一般规定 …… 30

3.2　不同类型用地常见设施使用指引 …… 34

3.3　常见设施设计要点 …… 35

3.4　建筑与小区 …… 43

3.5　城市道路 …… 56

3.6　城市绿地与广场 …… 74

3.7　城市水系 …… 94

4 模型技术 …… 110

4.1 模型原理 …… 110

4.2 模型介绍 …… 111

4.3 模型建立与参数验证 …… 114

4.4 案例分析 …… 121

5 智慧海绵 …… 137

5.1 系统构架 …… 137

5.2 云平台 …… 138

5.3 数字孪生 …… 138

5.4 远程运营管理 …… 140

5.5 监测 …… 140

5.6 案例分析 …… 141

6 参考文献 …… 149

1 概　　述

1.1 海绵城市内涵

海绵城市以自然发展为前提，按照生态优先原则，推进绿色与基础设施融合，让城市像海绵一样自由储水、排水。“海绵城市”概念源自行业内及学术界对于“海绵”物理性能的比喻，用这一形象表达来展示城市处理雨水等水资源的能力。其核心思想是低影响设计和开发，亦是一种“低影响雨水开发系统”。在城市的规划建设过程中，利用城市中原有水道和水池，统筹自然降水、地表水和地下水，运用透水铺装地面、绿色屋顶、植草沟等设施实现雨水渗透，解决城市内涝问题。通过蓄水池、雨水罐等储存设施储存降水，或者通过渗井补充地下水，使城市既具有海绵的水力特点（吸水性、存水性和给水性），又具有海绵的材料特性（良好的可压缩性和恢复性）。

低影响开发系统通过“渗、滞、蓄、用、净、排”等多项技术对雨水进行渗透、储存、调节、转输与截污净化等，有效控制径流总量、径流峰值和径流污染，实现城市良性水循环，维持或恢复城市“海绵”功能。“渗”：减少路面、屋面、地面不透水铺装，充分利用渗透和绿地技术，将雨水径流充分入渗，从源头减少径流；“滞”：降低雨水汇集速度，延缓峰现时间，既降低排水强度，又缓解灾害风险；“蓄”“用”：调节雨水时空分布，为雨水利用创造条件，提高雨水利用率，缓解水资源短缺；“净”：通过生态净化技术，减少面源污染，改善城市水环境；“排”：构建灰绿结合的排水体系，避免内涝等灾害发生，确保城市安全运行。

海绵城市建设主要包括以下三个方面：保持原有的生态环境；对被污染的水体和自然环境进行修复和治理；对城市进行低影响开发。除了自然河道、湖泊、林地等，在海绵城市的建设中还需要更加关注绿地。在满足城市绿化功能的基础上，对低影响开发的目标、规模和布局模式，与周边汇流的连接方式，植被类型和优化管理方式等进行研究探索，将能够明显提升城市绿地对雨水的管控能力。

1.2 发展历程

1.2.1 国外发展历程

海绵城市的概念与低影响开发（LID）并生并存。低影响开发是美国自 20 世纪 90 年代起发展起来的城市雨水管理新概念，低影响开发强调在降雨时尽可能通过储存、渗透、蒸发、过滤、净化及滞留等多种雨水控制技术，将城市开发后的雨水排水状态恢复至接近城市开发前的状态。低影响开发致力于控制城市雨水径流源污染物，采用接近自然系统的技术措施，在兼顾景观价值和经济价值的同时，尽量减少对现有自然生态系统的干扰和破坏。

多数美国城市在郊外储存雨水，通过水渠进行市区存水运输，通过地下管道排放污水。虽然这种设计理念最早源于古罗马时期，但至今仍使用。即使水资源极匮乏的美国加利福尼亚州，这种对当地城市生态用水及水利不适合的模式仍被使用。

近年来，低影响开发在发达国家得到了广泛应用，如基于城市水敏感性提出针对城市内涝灾害的城市设计方案，推广渗透和调蓄层面的泄洪系统和雨水调蓄系统。新西兰的雨洪管理体系经历近 40 年发展，已日趋成熟。该体系将低影响开发、小区域保护、综合流域管理和绿色建筑相结合，在城市及农村地区应用。同时新西兰建立了较为完善的立法和行政法规及详细的雨洪管理规划，构建了集收集、分类、储存和共享于一体的雨洪管理信息系统。英国提出了可持续城市排水系统（SUDS），澳大利亚提出了水敏感性城市设计（WSUD），这些概念的核心思想强调雨水管理的重要性并将城市水循环视为整体，日本政府致力于用现代科技手段解决雨洪问题。

此外，国外的“绿色基础设施”建设采用海绵城市的设计理念，强调用“绿色”解决城市洪涝问题。目前，国外在绿色基础设施理念、规划、建设方面的研究及实践已较成熟。美国、英国、欧盟通过合理规划绿色基础设施来减少城市洪涝灾害的发生。英国和瑞士已延续了 100 多年的绿色屋顶建筑风格，这些建筑是现代绿色屋顶的前身。20 世纪 70 年代以来，现代绿色屋顶设计逐步在欧洲盛行，其中德国最典型。“海绵城市”理论以城市规划为引领，综合考虑城市发展现状、未来发展规划等要素。当今瑞士，很多住宅及建筑物外立面都设有雨水流通的专用管道，而内部设有存水池，使用处理后的雨水。当地政府还通过补助津贴及税收减免的形式对居民进行节能房屋建设激励，达到循环利用雨水从而节省水资源的目的。

综上所述，经过几十年的发展，目前发达国家的先进经验为我国海绵城市的发展提供了良好的参考价值。

1.2.2 国内发展历程

随着我国现代化进程推进，城镇快速发展。城市数量及规模不断扩张，路面硬化导致雨水排放问题突出。近年来城市内涝频发、径流污染严重，雨水资源流失明显，导致城市水资源严重短缺。

各地内涝灾害频发，越来越频繁的“城市看海”现象已引起社会各界广泛关注。2010 年住房城乡建设部对 351 个城市的调研结果显示，2008—2010 年全国 62%的城市发生过内涝事件，其中 3 次以上的有 137 个。此后，武汉 2011 年“6.8”、北京 2012 年“7.21”（图 1.1）及 2013 年“7.7”的特大暴雨，2021 年 7 月 20 日更是出现了创纪录的河南特大暴雨（图 1.2），数百人遇难。生活中越来越频发的极端天气、不断破纪录的反常天气，说明在当前全球气候环境整体变化的格局下，种种极端天气发生的强度和频率都发生了改变，可以预见，未来这些极端天气将会对人民的生命和财产安全造成巨大威胁。

2013 年 12 月，习近平总书记在中央城镇化工作会议上发表讲话强调：“在提升城市排水系统时要优先考虑把有限的雨水留下来，优先考虑更多利用自然力量排水，建设自然积存、自然渗透、自然净化的海绵城市。”为全国解决城市水问题指明方向。

图 1.1 北京“7.21”暴雨

图 1.2 郑州“7.20”暴雨

《国务院关于加强城市基础设施建设的意见》（国发［2013］36 号）要求在对城市建设现状普查的基础上，完成城市排水防涝设施规范的编制。《城镇排水与污水处理条例》（中华人民共和国国务院令第 641 号）要求在城镇化过程中，应建设与市政基础设施工程相配套的雨水收集与利用设施，增加人工绿地、雨水花园、可渗透路面等改造措施对雨水的滞渗能力。

中央城镇化工作会议要求在城镇化建设中对雨水资源实现有效的、全方位的、多层次的综合缓滞和调蓄利用，依据相应的国家法规政策，以及《城市排水工程规划规范》（GB 50318—2017）、《室外排水设计标准》（GB 50014—2021）、《绿色建筑评价标准》（GB/T 50378—2019）等国家标准规范，明确在城市设计建设维护及管理过程中运用低影响开发模式的内容和方法，优先利用绿色生态环境的自然排水能力，同时建设生态排水基础设施。

从 2008 年起，宁波东部新城、大连生态城、北京昌平未来科技城相继开发建设，长沙、杭州、昆明等城市开展了道路 LID 或绿色建设。2010 年起，深圳市光明新区探索低影响开发示范区建设，在道路绿化带内设置生态草沟，将路面雨水引入道路两侧绿化分隔带进行雨水过滤、滞蓄和下渗；浙江温岭、吉林白城等地针对城市道路项目完成了类似的建设。

自海绵城市及低影响开发概念提出以来，国内学者基于海绵城市低影响开发理念，对城市规划建设和雨洪管理进行大量研究。2015 年，我国启动全国海绵城市建设试点，16 个城市成为首批海绵城市试点，经过多年建设，试点城市的生态环境和水环境已有效改善。

江苏省宿迁市通过水环境治理的“五全理念”进行整体规划，开展相关规划编制和项目可行性研究，通过新建污水处理厂、改造现有多处管网设施等措施，全面提升河道防涝排涝能力和生态稳定性，构建城镇污水新格局。

萍乡市海绵城市建设提出全域管控、系统构建、分区治理思路，创建了一套具有萍乡特色的海绵标准，建立了全过程的海绵城市管理系统体系，并鼓励和引导全社会积极参与海绵城市建设，实现社会化和可持续发展，在试点城市年度绩效考评中，连续两年名列第一。

武汉市海绵城市建设按照“集中示范、分区试点、全市推进”思路，紧扣“生态宜居”，制定片区系统化海绵城市建设方案，全域推进海绵城市建设，全市海绵城市建设面积已完成 $1.23\times10^4hm^2$，径流控制率达 75％以上，实现了海绵控制目标。武汉海绵城市建设试点成效已走在全国前列。

池州市将中心城区 $1.85\times10^3hm^2$ 的范围划为试点区域，严格遵循“建设自然积存、自然渗透、自然净化的海绵城市理念”，完成涉及建筑小区、道路、公园绿地、水生态水安全、PPP 项目、能力保障等六大类 117 个海绵城市项目的建设任务，建成 $145.4hm^2$ 绿色雨水设施，改造和新建 93.1km 管网及排水防涝设施，完成 26 个积涝点整治，区域内涝防治达到 30 年一遇标准，城市防洪达到百年一遇目标；修复和改造生态岸线 9.5km，试点区年径流量控制率达 72％，雨水资源回用率达 3％；实现了城市水环境、水安全、水生态、水资源的综合利用和有效提升。

目前，虽然我国部分城市建设海绵城市效果突出，但少部分城市收效甚微，运营手段和养护力度都需提高。由于海绵城市涉及绿化、城市道路、排水系统、环保设施等多种系统联合运行，因此其管理运行系统复杂，在分工和协作上协调困难。

我国地质条件复杂，在进行海绵城市试点建设的大背景下，各地区基础条件差异大，水生态系统污染较严重，目前很多研究处于理论研究阶段，这也给研究人员提供了应用实践的机会。

目前城市建设规划过程中更重视海绵城市的重要性，为快速推进海绵城市的建设，国务院颁布了相关规定鼓励建设海绵城市。

1.2.3 青岛海绵城市探索历程

1.2.3.1 青岛海绵城市建设必要性

青岛作为我国重要的沿海度假、港口城市，在人居环境、生态文明方面一直走在全国前列，更应切实贯彻“绿水青山就是金山银山”的发展理念，调整城市规划建设方向和路径，通过海绵城市建设，增强城市生态功能，提升城市宜居水平。

生态问题。青岛地处海洋生态系统与陆地生态系统交会地带，生态环境极脆弱，极易遭受外力破坏，并且难恢复。脆弱的生态环境成为制约青岛城市发展的自然屏障和约束门槛。

水环境问题。地表河流水质污染严重，大多数河流中下游河段尤其是过城区河段水质较差。城市工业化发展带来水资源、水环境恶化，在城市道路上，污染物会随雨水一同进入排水系统或直接被引入河道，加重了水体的污染，这与我国目前的治水理念背道而驰。

水资源问题。青岛地处半岛陆地边缘，河流流程短、径流量小，且多为季节性河流，水资源不仅量少，而且季节分配极不均匀。区域内人均可利用水资源量不足

200m^3，属于严重贫水区，区域内没有可以利用的地面水源，地下水资源量也较少，且开发利用程度较高，挖潜能力较小，必须依靠区域外部输入及海水淡化等措施来解决。

1.2.3.2 探索历程

根据《国务院办公厅关于推进海绵城市建设的指导意见》（国办发〔2015〕75号）、《山东省人政府办公厅关于贯彻国办发〔2015〕75号文件推进海绵城市建设的实施意见》（鲁政办发〔2016〕5号）和《海绵城市专项规划编制暂行规定》的要求，编制了《青岛市海绵城市专项规划2016—2030年》。

该规划范围为青岛市中心城区，总面积为1.408×10^5hm^2，规划期限为2016—2030年，近期为2016—2018年，中期为2019—2020年，远期为2021—2030年。

本次规划核心内容主要分为五个部分：生态格局构建、规划方案体系、管控分区指引、近期建设工程体系、规划保障体系。

1. 生态格局构建

中心城区范围内开发建设适宜区面积约5.2085×10^4hm^2，占总用地的37.0%；有条件要求适宜区面积约3.9132×10^4hm^2，占总用地的27.8%；开发建设不适宜区面积约4.9613×10^4hm^2，占总用地的35.2%。

以大沽河流域、胶州湾、崂山、大泽山、大小珠山生态控制区为主体，以沿海基干林带、沿河绿化带、沿路绿化带为生态廊道，以海岛、湿地、自然保护区等为补充，构建多功能、多层次的“一轴、三区、三廊、多点”的生态安全格局体系。

2. 规划方案体系

（1）水生态工程体系

径流控制方面，新建和改造下沉式绿地面积10085.0hm^2，透水铺装面积9189.8hm^2，绿色屋顶面积434.8hm^2，其他调蓄容积445795.8m^3，整体实现了75%的年径流总量控制率目标。水生态保护与恢复方面，中心城区内对李村河、昌乐河、大村河等河道进行生态建设或治理，河道生态化改造与保护总长度188.68km。

（2）水环境工程体系

完善雨污分流排水体制，提高污水厂污水处理率及处理效果，实现污水全收集、全处理，出水水质达到一级A标准等措施来控制点源污染。有效削减35%～45%的径流污染。采用生物滞留设施进行源头污染控制，设置生物滞留设施921.8hm^2。规划设置海泊河仲家洼河交汇处、福州北路辽阳西路高架下绿地、李村河上游、李沧文化公园、南寨河金沟河交汇处、羊毛沟河流域正阳西路祥源路绿地、桃源河下游聚贤桥路绿地、九曲河下游、黄河东路以下的镰湾河流域旁、丁家河水库下游丁家河公园等10处人工湿地，面积共637.3hm^2。

（3）水安全工程体系

规划防洪工程设防等级定为二级，实行分区域重点设防。规划区内河流防洪标准为：白沙河、李村河（胜利桥以下段）、大沽河、墨水河、洪江河、羊毛沟河按照100年一遇标准设防，李村河（胜利桥以上段）、海泊河、楼山河、龙泉河、镰湾河按照50年一遇标准设防，其他主要河流按照20年一遇标准设防。中心城区雨水管网规划新建和改造共计1622.25km。规划新建行泄通道6条，长度为2694m。部分防护绿地和广场绿地需预留蓄水空间，共计调蓄容积 46097m^3，新建人工调蓄设施 5 座，调蓄容积 6612m^3，实现 46 个积水点的整治。

（4）水资源工程体系

雨水资源化利用主要分为渗透利用及集蓄利用两大类。规划通过集蓄利用设施布局，将雨水用于绿地浇洒、道路灌溉等，雨水利用总需求量为 29267.94 万 m^3/a，可实现中心城区雨水资源利用率 8%的目标。

3. 管控分区指引

针对青岛市中心城区 68 个海绵城市建设管控分区，从水生态、水环境、水安全以及水资源等方面进行建设指引。整体达到年径流总量控制率 75%、面源污染削减率（以 SS 计）65%目标。

4. 近期建设工程体系

近期重点建设试点区位于青岛市李沧区，北起遵义路—重庆路—湘潭路一线；南达唐山路—果园路一线；东至与城阳区交界—青银高速一线；西到环湾大道—四流北路一线，总面积 $2.524\times10^3hm^2$。试点区共分为 3 个汇水分区，分别从水生态、水环境、水安全和水资源构建工程体系。拟建设海绵城市相关项目 267 个，总建设投资为 48.8 亿元。

5. 规划保障体系

保障措施建设包括组织机构保障建设，规划落实保障建设，技术标准体系保障建设，制度体系保障建设，资金保障、监测考核评估体系保障以及相关能力建设。

1.2.3.3　主要成绩

近年来，青岛市坚持生态兴市的发展策略，实施山水林田湖生态保护和修复工程，构建多层次、网络化的生态间隔体系。同时，在城市建设中积极纳入海绵城市理念，积累了大量工程实践经验。

1. 世界园艺博览会园区

世界园艺博览会园区北依百果山，南临世园大道，园区规划面积约 $2.44\times10^2hm^2$，开发建设前，该区域曾多次发生历史洪涝灾害。为迎接 2014 年世界园艺博览会，青岛市开始园区建设，充分采用海绵城市理念，基于场地及地形条件，构建可持续生态雨水系统。例如，在天水服务中心、梦幻影院等场馆建设绿色屋顶，采用屋顶断接措施，将雨水径流排入建筑周边下沉式绿地；园区道路建设以透水铺装、植草沟多种措施联合实施，构建地表漫流系统，降低管网铺设密度；在天水、地池进行生态化建设，通过周边微地形的景观处理，充分发挥水体的多功能调蓄功能，其中天水调洪库容为 11.79 万 m^3，地池调洪库容 1.6 万 m^3。

在常川路 98 号建设净化水厂，设计总占地面积 5770m^2，采用 A/AO+MBR 膜处理工艺，设计污水处理能力 6000t/d，其中再生水回用量为 4000t/d，主要用于园区绿化、道路浇洒、景观水的补充等，减少排入李村河污染物总量 67%（图 1.3）。

2. 中德生态园

中德生态园是目前中德两国政府间的合作园区。多年来秉持“生态、智慧改善生活，开放、融合提升品质”的发展理念，围绕“田园环境、绿色发展、美好生活”的发展愿景，致力于生态、绿色、可持续发展，着力建设生态型、智能型、开放型的生态园。

图 1.3 世界园艺博览会园区实景

园区落实国家城市建设要求，结合自身发展定位，发挥自然本底优势，因地制宜推进海绵城市建设，在确保城市排水防涝安全的前提下，最大限度地实现雨水在城区的自然寄存、渗透和净化，促进雨水资源的利用和生态环境保护方面的作用。

(1) 园区海绵城市相关规划完备

中德生态园以德国规划理念、设计定位指导园区发展，先后编制完成园区控规、能源、产业、生态景观、绿色建筑、智能电网、水资源利用等 20 余项规划编制和课题研究。目前园区已经形成涵盖总规、详规、专项规划等各规划层级的完整体系。在总规层面的资源保护与生态专项建设规划中，合理划定了园区的生态分区，对各分区的径流控制系数、下沉绿地比例、可渗水地面等指标提出了控制要求；在编制完成的水资源综合利用规划、防洪排涝专项规划、给排水专项规划、雨水综合利用规划等专项规划中，对各类用地的径流控制、污水排放、雨水收集利用、海绵城市设施等内容提出了建设要求；为落实海绵城市建设要求，配合园区海绵城市建设，园区规划主管部门已启动园区生态绿地系统及道路交通系统专项规划，对园区绿地及道路建设提出海绵城市设施控制要求。

为综合分析园区建设海绵城市的条件，园区组织编制了《青岛中德生态园先行启动区海绵城市建设评估》报告。报告对园区区域整体条件、现有规划编制、已建成区域建设情况、未建成区域建设可行性、能力建设与监测系统等各方面进行综合评估，为园区海绵城市建设全面推进提出了明确要求。

(2) 园区海绵城市建设实践

山王河的改造过程按照生态理念进行设计，生态化技术手段运用较好。河道平面完全保留原道平面形态，采用生态环，通过控制防洪与景观水位保持河道自然形态与生态系统完整性；结合地形条件与水系径流，设置小型湿地作为雨水调蓄设施，可以起到良好的雨水径流污染控制效果。

园区各条道路及人行道均考虑采用透水铺装，具有增加入渗、降低径流系数的作用。

园区内已建居住及公共建筑全部按照绿色建筑二星级与三星标准进行建设。小区规划和设计时在“节地与室外环境”和“节水与水资源利用”评价项的一般项中均涉及雨水综合利用的设施，根据《中德生态园幸福社区（中德生态园规划范围内村改居工程）绿色建筑设计评价标识自评估报告》，与规划确定的指标进行对比分析，在进行绿色建筑二星评价时，已有小区考虑透水铺装、雨水非传统水源利用等评价项，其中透水铺装率一项满足《海绵城市建设技术指南》对于居住小区的要求。

（3）海绵城市管理制度实践

在海绵城市管理制度方面，园区已经制定《中德生态园排水定额管理实施办法》，根据国家和地方相关法规、标准及规划，结合雨水收集利用、海绵城市及园区生态指标，借鉴德国等国家排水管理先进经验，对园区内建设项目的雨水排放、污水排放进行指导（图 1.4）。

图 1.4　中德生态园实景

3. 河道综合整治工程

李村河长 17km，是青岛市区最大的河流，也是主要防洪排涝通道。在综合整治前，存在卫生环境差、水体黑臭、雨天排水不畅、周边商户设施水浸等问题。2009 年启动综合治理工程，采用灰绿基础设施结合的生态理念，建设 17km 截污管网，按照 50 年一遇防洪标准进行河道拓宽，构建河道两侧 50m 生态滨水带，建设约 16.8km 生态驳岸，构建丰富的自然水生态体系（图 1.5）。

图 1.5　李村河生态驳岸实景

1.3 基本原则

为贯彻习近平生态文明思想，加快推进海绵城市建设，规范海绵城市规划建设管理，保护和改善城市生态环境，综合采用“渗、滞、蓄、净、用、排”等技术措施，充分发挥道路、建筑、景观、水系等生态系统对雨水的吸纳收集作用，有效控制雨水径流，实现雨水的自然调蓄。

海绵城市的建设应当遵循以人为本的设计原则，同时需要考虑蓄排统筹、水城共融的基本方针，坚持政府主导、社会参与、规划引领、生态优先的原则，以构建健康的城市水系统，增强城市防灾的韧性。

海绵设施应当根据降雨特点、地形坡度、用地类型、开发强度、土壤渗透性、经济承受能力等情况，按照整体效果最优原则，选择“渗、滞、蓄、净、用、排”等措施，收集、净化、利用雨水。

（1）建筑与小区建设应当因地制宜采取雨水花园、下沉式绿地、断接雨落管措施，老旧小区改造应当统筹解决积水内涝、雨污水管网混错接等问题。

（2）道路与广场建设应当改变雨水快排、直排方式，做好竖向设计，在非机动车道、人行道、停车场、广场等场合使用透水砖铺装。

（3）公园和绿地建设应当采取人工湿地、植被缓冲带、雨水塘、生态堤岸等低影响开发措施，消纳自身雨水，并为滞蓄周边区域雨水提供空间。

（4）城市排水防涝设施建设应当统筹协调，整体提高防洪排涝能力，改造和消除城市易涝点，实施雨污分流。排水管网应当与雨水渗透、滞蓄、净化设施相衔接，控制初期雨水污染，排入自然水体的雨水应当经过岸线净化，沿岸截流干管建设和改造应当控制渗漏和污水溢流。

（5）城市河道、湖泊、湿地等水体整治应当注重保护和恢复水系生态岸线，采用生态护岸护坡，避免“裁弯取直”和过度“硬化、渠化”。

1.4 相关政策

1.4.1 国家政策

2013年12月12日，习近平总书记在中央城镇化工作会议中提出海绵城市建设理念：“在提升城市排水系统时要优先考虑把有限的雨水留下来，优先考虑利用自然力量排水，建设自然积存、自然渗透、自然净化的海绵城市。”

2014年10月，住房城乡建设部编制印发了《海绵城市建设技术指南——低影响开发雨水系统构建（试行）》（建城函［2014］275号），在技术层面为各地开展海绵城市建设提供了重要指引。

2014年12月31日，财政部、住房城乡建设部、水利部发布《关于开展中央财政支持海绵城市建设试点工作的通知》（财建［2014］838号），2015年，经济建设司发布《关于组织申报2015年海绵城市建设试点城市的通知》（财办建［2015］4号），在政策和资金层面落实海绵城市建设。

2015 年 4 月，16 个城市进入海绵城市建设试点范围。

2015 年 7 月，住房和城乡建设部印发《海绵城市建设绩效评价与考核办法（试行）》，并附有海绵城市建设绩效评价与考核指标。

2015 年 10 月，国务院发布《国务院办公厅关于推进海绵城市建设的指导意见》（国办发〔2015〕75 号），为有序推进海绵城市建设提出指导意见，要求采取“渗、滞、蓄、净、用、排”等措施，最大限度地减少城市开发建设对生态环境的影响，将 70%的降雨就地消纳和利用。到 2020 年，城市建成区 20%以上的面积达到目标要求；到 2030 年，城市建成区 80%以上的面积达到目标要求。该文件对海绵城市建设工作的系统性提出了明确要求。

2016 年 2 月，中共中央、国务院印发《中共中央 国务院关于进一步加强城市规划建设管理工作的若干意见》《国务院关于深入推进新型城镇化建设的若干意见》（国发〔2016〕8 号）。为指导各地做好海绵城市专项规划编制工作，住房城乡建设部于 2016 年 3 月研究制定了《海绵城市专项规划编制暂行规定》。海绵城市建设涉及水生态、水环境、水资源、水安全等多元目标，规划层面需要与传统的城市规划、市政专项规划、环境保护规划相协调，建设层面需要多部门、多专业协同合作，是一项复杂的系统工程，急需编制海绵城市建设专项规划予以指引。

2017 年 3 月李克强总理在第十二届全国人民代表大会第五次会议上关于政府工作的报告中，指出 2017 年重点工作任务包括启动消除城区重点易涝区段三年行动，推进海绵城市建设，使城市既有“面子”，更有“里子”。这是对海绵城市建设的阶段性总结和肯定，明确下阶段推进要继续。

2022 年 4 月，住房城乡建设部发布《关于进一步明确海绵城市建设工作有关要求的通知》，提出 20 条海绵城市建设具体要求，进一步明确了海绵城市的内涵和实施路径，并对规划建设管理等方面作出了清晰的要求，明确提出海绵城市建设的“正面清单”和“负面清单”。同时，按照习近平总书记关于海绵城市建设的重要指示精神，进一步明确海绵城市建设的内涵和主要目标，强调问题导向，当前以缓解极端强降雨引发的城市内涝为重点，使城市在适应气候变化、抵御暴雨灾害等方面具有良好的“弹性”和“韧性”。

海绵城市的建立和健全首先应以国家法律法规作为保障，以规划为先导，以转变观念为前提，以生态系统保护为目标，以低影响开发为措施。进一步加快海绵城市法制化进程，使自然环境保护和城市建设管理在同一法律框架下进行。

根据国家海绵城市相关政策及目前研究进展，关于海绵城市建设的研究方兴未艾。目前已基本建立起理论框架，但是对海绵城市的内部机理研究尚未深入。住房城乡建设部已经颁布了《海绵城市建设技术指南——低影响开发雨水系统构建（试行）》，但仍远远不够，许多难点问题亟待探索和解决。

1.4.2 地方政策

1.4.2.1 山东省政策

2016 年 2 月 15 日，山东省人民政府办公厅出台了《山东省人民政府办公厅关于贯彻国办发〔2015〕75 号文件推进海绵城市建设的实施意见》（鲁政办发〔2016〕5 号），要求各地要通过“渗、滞、蓄、净、用、排”等措施，将至少 75%的降雨实现就地消纳和利用，逐步实现小雨不积水、大雨不内涝、水体不黑臭、热岛有缓解的目标。到2020年，城市建成区25%以上的面积达到目标要求，黑臭水体控制在10%以内；到2030年，城市建成区80%以上的面积达到目标要求，黑臭水体总体消除。

1.4.2.2 青岛市政策

2016年3月31日，青岛市人民政府办公厅出台了《青岛市人民政府办公厅关于加快推进海绵城市建设的实施意见》（青政发〔2016〕8号），深入贯彻落实党的十八大和十八届三中、四中、五中全会关于大力推进生态文明建设的重大战略部署和国务院关于推进海绵城市建设的有关要求，按照“节水优先、空间均衡、系统治理、两手发力”治水思路，坚持以创新、协调、绿色、开放、共享的发展理念为引领，科学规划和统筹实施建筑与小区、道路与广场、城市绿地与公园、城市水系统建设，坚持试点先行、以点带面，努力实现海绵城市“渗、滞、蓄、净、用、排”的功能。通过加强规划建设管理，推广低影响开发建设模式，构建海绵城市建设综合治理体系，实现城市生态发展的良性循环。

2016年4月青岛成为第二批国家海绵城市建设试点城市后，按照《国务院办公厅关于推进海绵城市建设的指导意见》（国办发〔2015〕75号）、《住房城乡建设部关于印发海绵城市专项规划编制暂行规定的通知》（建规〔2016〕50号）、《水利部关于印发推进海绵城市建设水利工作的指导意见的通知》（水规计［2015］321号）等文件要求，编制完成《青岛市海绵城市专项规划（2016—2030）》，从水生态、水环境、水安全、水资源等角度全面梳理城市海绵体的现状、已有做法及存在不足，制定青岛市中心城区海绵城市建设的总体目标和路径。

2019年11月，为全面贯彻落实国务院办公厅关于推进海绵城市建设的工作要求，青岛市住房和城乡建设局组织编制并实施了《青岛市海绵城市建设规划设计导则》。五本海绵城市“指导手册”分别是《青岛市海绵城市建设规划设计导则（修编）》《青岛市雨水控制与利用工程施工与质量验收技术导则（修编）》《青岛市海绵型建筑与小区建设技术指南》《青岛市海绵城市设施运行维护导则》《青岛市海绵城市建设植物选型技术导则》。其中，《青岛市海绵城市建设规划设计导则（修编）》规定了青岛市海绵城市建设的总体目标，即到2020年城市建成区25%以上的面积达到海绵城市建设要求，到2030年城市建成区80%以上的面积达到海绵城市建设要求；青岛市雨水资源化利用率2020年达到6%以上，2030年达到8%以上；青岛城区内涝防治标准为50年一遇，到2020年防洪堤达标率达到95%，到2030年防洪堤达标率达到100%等。其他导则中，针对海绵城市的不同建设方面，也作出了相应要求。《青岛市海绵型建筑与小区建设技术指南》要求，青岛市辖区内的新建、改建、扩建建筑与小区建设项目，应配套设计和建设相应规模的低影响开发雨水系统工程或设施。《青岛市海绵城市建设植物选型技术导则》要求，海绵城市植物选型设计施工应充分结合青岛市地理气候特点，选择符合对应海绵设施环境特点的植物品种，充分考虑植物耐淹、耐旱、耐盐碱等性状；海绵城市植物选型设计，应与项目整体景观设计相协调，将海绵设施景观融入整体景观效果。

按照“节水优先、空间均衡、系统治理、两手发力”治水思路，在降低城市防洪排涝压力的同时，充分利用雨水资源，是青岛人长期坚持“生态兴市”，打造“美丽青岛、幸福城市、宜居家园”的诉求。

2 规　　划

2.1 国土空间规划背景下的海绵城市

2.1.1 国土空间规划中海绵城市理念的落实

2020年1月17日，自然资源部发布《省级国土空间规划手册》，该手册是对全国国土空间规划纲要的进一步深化，是一定时期内省域国土空间保护、开发、利用、修复的政策和总纲，是编制省级相关专项规划、市县等下位国土空间规划的基本依据，在国土空间规划体系中发挥承上启下、统筹协调作用，具有战略性、协调性、综合性和约束性。以国土空间开发保护格局为依据，针对省域生态功能退化、生物多样性降低、用地效率低下、国土空间品质不高等问题，将生态单元作为修复和整治范围，按照保障安全、突出生态功能、兼顾景观功能的优先次序，结合山水林田湖草系统修复、国土综合整治、矿山生态修复和海洋生态修复等类型，提出修复和整治目标、重点区域、重大工程。

省级区域规划通过省级责任转移、最低限度监测、设定监测指标等方式，为制定市政规划提供指导。各省的区域规划将这些要求分为最低和不可逾越的规划。具有约束力的指标，如水资源使用总量、湿地面积、自然沿海的保护（大陆自然海岸线的长度、主要河流湖泊自然海岸的养护率）以及国内生产总值的土地利用（水）使用率，对区域城市空间规划和海绵城市规划具有约束力。

海绵城市建设提倡推广和应用低影响开发建设模式，加大对城市雨水径流源头水量、水质的刚性约束，使城市开发建设后的水文特征接近开发前，有效缓解城市内涝、控制面源污染，最终改善和保护城市生态环境，实现新型城镇化下城市建设与生态文明的协调发展。在“源头减排、过程控制、末端治理”的海绵城市建设全过程中，雨水的渗、蓄、滞、净、用等综合效益，主要依托对降雨的体积控制来实现，体现在年径流总量控制率这一核心指标中。

2.1.2 国土空间规划中海绵城市总目标

海绵城市规划和实施的总体目标是：恢复水生态、改善水环境、保障水资源、提高水安全、完善规划管控体系、建成海绵项目连片区域。通过海绵城市的建设，使城市水生态全面恢复、水环境质量全面改善、水资源储量充分保障、水安全水平全面提高、制度建设完善和落实、海绵连片效应充分发挥。以目标为基础的城市发展，应完善城市雨水收集综合管理系统等措施，以便有效控制雨水流动，恢复城市生态系统，提高水质量，改善环境，提高国土空间保护和利用质量，推动生态文明建设、促进人与自然和谐发展。

2.2 海绵城市规划原则

城市内涝表面上看是“积水点”的问题，本质上则是城市建设的系统性问题，单纯采用管渠排水措施难以达到综合防治目标。常规海绵城市低影响度措施，无法破解超高影响度城市的水安全问题。由于蓄水、净化、回用功能不足，在高强度降水背景下，海绵设施基本失效，导致“城市看海”现象发生。

为实现海绵城市建设目标，必须贯彻“节水优先、空间均衡、系统治理、两手发力”的治水思路。在新型城镇化建设过程中，需转变原有发展理念，推广与应用海绵城市建设模式，实现经济与资源环境的协调发展，转变传统的排水防涝思路和污染治理思路，让城市“弹性适应”环境变化与自然灾害。主要原则为：规划引领、生态优先、安全为重、因地制宜、统筹建设。

(1) 规划引领

城市各层级、各相关专业规划以及后续的建设中，应落实海绵城市建设、低影响开发雨水系统构建的内容，先规划后建设，体现规划的科学性和权威性，发挥规划的控制和引领作用。海绵城市建设系统性、综合性、创新性强，规划编制应注重相关部门的统筹和协调。加强发改、规划、财政、建设、水务、环保等部门的联动推进、紧密合作，带动社会力量和投资形成合力，共同推动规划区海绵城市建设工作，主动推广政府和社会资本合作（PPP）、特许经营等模式，吸引社会资本广泛参与海绵城市建设。

(2) 生态优先

城市规划中应科学划定蓝线和绿线。城市开发建设应保护河流、湖泊、湿地、坑塘、沟渠等水生态敏感区，优先利用自然排水系统与低影响开发设施，实现雨水的自然积存、自然渗透、自然净化和可持续水循环，提高水生态系统的自然修复能力，维护城市良好的生态功能。包含三个层次要求：首先是原生态保护，对城市“山、水、林、田、湖”等生态要素进行原位保护；其次是生态修复，对已受破坏的河湖岸线等进行恢复；最后为拟自然开发，优先利用城市自然排水系统，充分发挥山、水、林、田、湖对降雨的积存作用，充分发挥自然下垫面对雨水的渗透作用，充分发挥湿地、水体等对水质的自然净化作用，修复城市开发建设后的水文循环问题，实现雨水的自然积存与渗透，维护城市良好的生态功能。

(3) 安全为重

以保护人民生命财产安全和社会经济安全为出发点，综合采用工程和非工程措施，提高低影响开发设施的建设质量和管理水平，消除安全隐患，增强防灾减灾能力，保障城市水安全。

(4) 因地制宜

各地应根据本地自然地理条件、水文地质特点、水资源状况、降雨规律、水环境保护与内涝防治要求等，合理确定低影响开发控制目标与指标，科学规划布局和选用下沉式绿地、植草沟、雨水湿地、透水铺装、多功能调蓄等低影响开发设施及其组合系统。

(5) 统筹建设

地方政府应结合城市总体规划和建设，在各类建设项目中严格落实各层级相关规划中确定的低影响开发控制目标、指标和技术要求，统筹建设。低影响开发设施应与建设项目的主体工程同时规划设计、同时施工、同时投入使用。

2.3 海绵城市评价标准

海绵城市建设评价应遵循海绵城市建设的宗旨，保护山、水、林、田、湖草等自然生态格局，维系生态本底的渗透、滞蓄、蒸发（腾）、径流等水文特征，保护和恢复降雨径流的自然积存、自然渗透、自然净化。

2.3.1 基本规定

（1）海绵城市建设的评价应以城市建成区为评价对象，对建成区范围内的源头减排项目、排水分区及建成区整体的海绵效应进行评价。

（2）海绵城市建设评价的结果应以排水分区为单元进行统计，达到标准要求的城市建成区面积占城市建成区总面积的比例。

（3）海绵城市建设的评价内容由考核内容和考查内容组成。达到标准要求的城市建成区应满足所有考核内容的要求。考查内容应进行评价，但结论不影响评价结果的判定。

（4）海绵城市建设评价应对典型项目、管网、城市水体等进行监测，以不少于 1 年的连续监测数据为基础，结合现场检查、资料查阅和模型模拟进行综合评价。

（5）对源头减排项目实施有效性的评价，应根据建设目标、技术措施等，选择有代表性的典型项目进行监测评价。每类典型项目应选择 1～2 个监测项目，对接入市政管网、水体的溢流排水口或检查井处的排放水量、水质进行监测。

2.3.2 评价内容

海绵城市建设评价内容与要求以年径流总量控制率及径流体积控制、源头减排项目实施有效性、路面积水控制与内涝防治、城市水体环境质量、自然生态格局管控与城市水体生态性岸线保护为考核内容。以地下水埋深变化趋势、城市热岛效应缓解为考查内容。

2.3.3 评价方法

2.3.3.1 年径流总量控制率及径流体积控制

新建区不得低于“我国年径流总量控制率分区图”所规定的区域下限值及所对应计算的径流体积；改建区不宜低于“我国年径流总量控制率分区图”所规定的区域下限值及所对应计算的径流体积。

2.3.3.2 源头减排项目实施有效性

1. 建筑小区

年径流总量控制率及径流体积控制应按 2.3.3.1 规定进行；径流污染控制应采用设

计施工资料查阅与现场检查相结合的方法进行评价，查看设施的设计构造、径流控制体积、排空时间、运行工况、植物配置等能否保证设施 SS（悬浮物浓度）去除能力达到设计要求。设施设计排空时间不得超过植物的耐淹时间。对于除砂、去油污等专用设施，其水质处理能力等应达到设计要求。新建项目的全部不透水下垫面宜有径流污染控制设施，改扩建项目有径流污染控制设施的不透水下垫面面积与不透水下垫面总面积的比值不宜小于 60%；径流峰值控制应采用设计施工、模型模拟评估资料查阅与现场检查相结合的方法进行评价；硬化地面率应采用设计施工资料查阅与现场检查相结合的方法进行评价。

2. 道路、停车场及广场

年径流总量控制率及径流体积控制应按 2.3.3.1 规定进行；径流污染、径流峰值控制参照建筑小区相关规定；道路排水行泄功能应采用设计施工资料查阅与现场检查相结合的方法进行评价。

3. 公园绿地与防护绿地

年径流总量控制率及径流体积控制应按 2.3.3.1 规定进行；公园绿地与防护绿地控制周边区域降雨径流应采用设计施工资料查阅与现场检查相结合的方法进行评价，设施汇水面积、设施规模应达到设计要求。

2.3.3.3 路面积水控制与内涝防治

灰色设施和绿色设施的衔接应采用设计施工资料查阅与现场检查相结合的方法进行评价；路面积水控制应采用设计施工资料和摄像监测资料查阅的方法进行评价；内涝防治应采用摄像监测资料查阅、现场观测与模型模拟相结合的方法进行评价。

2.3.3.4 城市水体环境质量

灰色设施和绿色设施衔接应采用设计施工资料查阅与现场检查相结合的方法进行评价；旱天污水废水直排控制应采用现场检查的方法进行评价，市政管网排放口旱天应无污废水直排现象；雨天分流制雨污混接污染和合流制溢流污染控制应采用资料查阅、监测、模型模拟与现场检查相结合的方法进行评价。

2.3.3.5 自然生态格局管控与水体生态性岸线保护

自然生态格局管控应采用资料查阅和现场检查相结合的方法进行评价，并应符合下列规定：

（1）应查阅城市总体规划与相关专项规划、城市蓝线绿线保护办法等制度文件，以及城市开发建设前及现状的高分辨率遥感影像图。

（2）应现场检查自然山水格局、天然行洪通道、洪泛区和湿地、林地、草地等生态敏感区及蓝线绿线管控范围。

（3）城市开发建设前后天然水域总面积不宜减少，自然山水格局与自然地形地貌形成的排水分区不得改变，天然行洪通道、洪泛区和湿地等生态敏感区不应被侵占，或应达到相关规划的管控要求。

水体生态性岸线保护的评价，应查阅新建、改建、扩建城市水体项目的设计施工资料，明确生态性岸线的长度与占比，应现场检查生态性岸线实施情况。

2.3.3.6　地下水埋深变化趋势

应监测城市建成区地下水（潜水）水位变化情况，海绵城市建设前的监测数据应至少为近5年的地下水（潜水）水位，海绵城市建设后的监测数据应至少为1年的地下水（潜水）水位；地下水（潜水）水位监测应符合现行国家标准《地下水监测工程技术规范》(GB/T 51040) 的规定；应将海绵城市建设前建成区地下水（潜水）水位的平均降幅 Δh_1 与建设后建成区地下水（潜水）水位的平均降幅 Δh_2 进行比较，Δh_2 应小于 Δh_1；或海绵城市建设后建成区地下水（潜水）水位应上升；当海绵城市建设后监测资料年数只有1年时，获取该年前一年与该年地下水（潜水）水位的差值 Δh_3，与 Δh_1 比较，Δh_3 应小于 Δh_1，或海绵城市建设后建成区地下水（潜水）水位应上升。

2.3.3.7　城市热岛效应缓解

应监测城市建成区内与周边郊区的气温变化情况，气温监测应符合现行国家标准《地面气象观测规范 空气温度和湿度》(GB/T 35226) 的规定；海绵城市建设前的监测数据应至少为近5年的6～9月日平均气温，海绵城市建设后的监测数据应至少为1年的6～9月日平均气温；应将海绵城市建设前建成区与郊区日平均气温的差值 ΔT_1 与建成后建成区与郊区日平均气温的差值 ΔT_2 进行比较，ΔT_2 应小于 ΔT_1。

2.4　海绵城市专项规划

专项规划是指在特定区域（流域）、特定领域，为体现特定功能，对国土空间开发保护利用作出的专门安排，是涉及空间利用的专项规划。国土空间总体规划是详细规划的依据、相关专项规划的基础；相关专项规划要相互协同，并与详细规划做好衔接。相关专项规划要遵循国土空间总体规划，不得违背总体规划强制性内容，其主要内容要纳入详细规划。

在国土空间规划体系中，专项规划需要发挥好以下基本效用：一是支撑性，在符合同级国土空间总体规划要求的基础上，对总体的引导和管控做好专门的落实细化与支撑，对特定的功能区域作出专门的空间保护利用安排。二是协同性，国土空间总体规划为各专项规划提供了共同的依据，各专项规划需要服从国土空间总体规划的统筹，提出专项发展的空间诉求，将不同职能部门的专项发展诉求落实到空间。三是传导性，将国土空间总体规划中特定功能空间细化安排后传导至详细规划，加强对详细规划中专项设施配套及用途管制的总体统筹。

2.4.1　编制要点

原城乡规划体系中的海绵城市专项规划主要内容包括：现状与问题分析、总体建设目标、海绵城市建设需求综合协调规划、道路竖向与超标雨水径流汇集系统规划、超标雨水径流排放与调蓄系统规划、城市雨水管渠系统规划、低影响开发雨水系统规划、城市蓝线划定与管控要求、工程量与投资估算、近期建设规划、专项规划对相关规划调整的建议及规划实施保障等。

在新的空间规划体系背景下，海绵城市建设专项规划的思路、海绵城市规划中与城乡规划相关的内容必须结合国土空间规划的内容与要求作出相应的调整与改变，并按照相关要求将规划成果叠加到国土空间规划“一张图”上。海绵城市规划应结合城市自然本底条件及工程设施建设情况，识别城市水资源、水环境、水生态、水安全等方面存在的问题及海绵城市建设需求，确定海绵城市建设目标，提出海绵城市建设的指标体系。规划应提出海绵城市的自然生态空间格局，划定海绵城市建设分区，明确保护与修复要求。根据雨水径流量和径流污染控制要求，将雨水年径流总量控制率目标进行分解，并提出管控要求。按照源头减排、过程控制、系统治理的思路，提出规划措施和相关专项规划衔接的建议，最终实现“小雨不积水、大雨不内涝、水体不黑臭、热岛有缓解”的海绵城市建设要求。

通过海绵城市建设，落实生态文明建设要求和海绵城市理念，实现“小雨不积水、大雨不内涝、水体不黑臭、热岛有缓解”的近期目标和“清水绿岸、鱼翔浅底”的远期目标。海绵城市建设要坚持生态优先原则，并把生态优先原则贯穿于城市规划、建设和管理的全过程。

海绵城市专项规划包括城市水系统、绿地系统、城市道路交通系统等基础设施专项规划。其中，城市水系统规划涉及供水、节水、污水、排水、蓝线等要素。

2.4.2 编制方法

要在城市规划中融入海绵城市建设的理论，一切以“海绵”为主，按照一定的基本原则对城市进行规划设计，提高城市的发展价值，对这些基本原则进行科学地分析，利用这些原则对其进行建设，减少城市在发展建设过程中对生态环境造成的危害，同时，保证人身安全，降低自然灾害对生活以及城市发展的影响。

2.4.2.1 坚持实地考察原则

在对城市进行海绵建设的规划时，首先要对该市的整体环境进行考察，了解实际情况。研究气候及地质状况等，选用合适方式进行合理建设，减少不必要损失。依据该市的实际情况，利用好资源能源，从多个方面考虑影响城市建设的因素。

2.4.2.2 坚持安全性原则

安全这一原则是整个海绵城市建设的核心要求，要在此基础上做好安全保障工作，在保证人们生活安全的同时也要保证生态环境的安全，对城市的一些公用基础设施进行科学有效保护，保证水资源使用安全。

2.4.2.3 坚持科学性与规范性原则

首先要对建设方案进行设计和考察，让整个方案具有一定的科学性。规范设计整体海绵城市建设流程（图 2.1），尽可能让建设方案完整，在设计方案时要着重生态环境的平衡设计，测量当地相关建设数据。测量时要保证数据的准确程度，利用所得数据进行方案的详细设计，考量整个施工建筑过程的支出等。

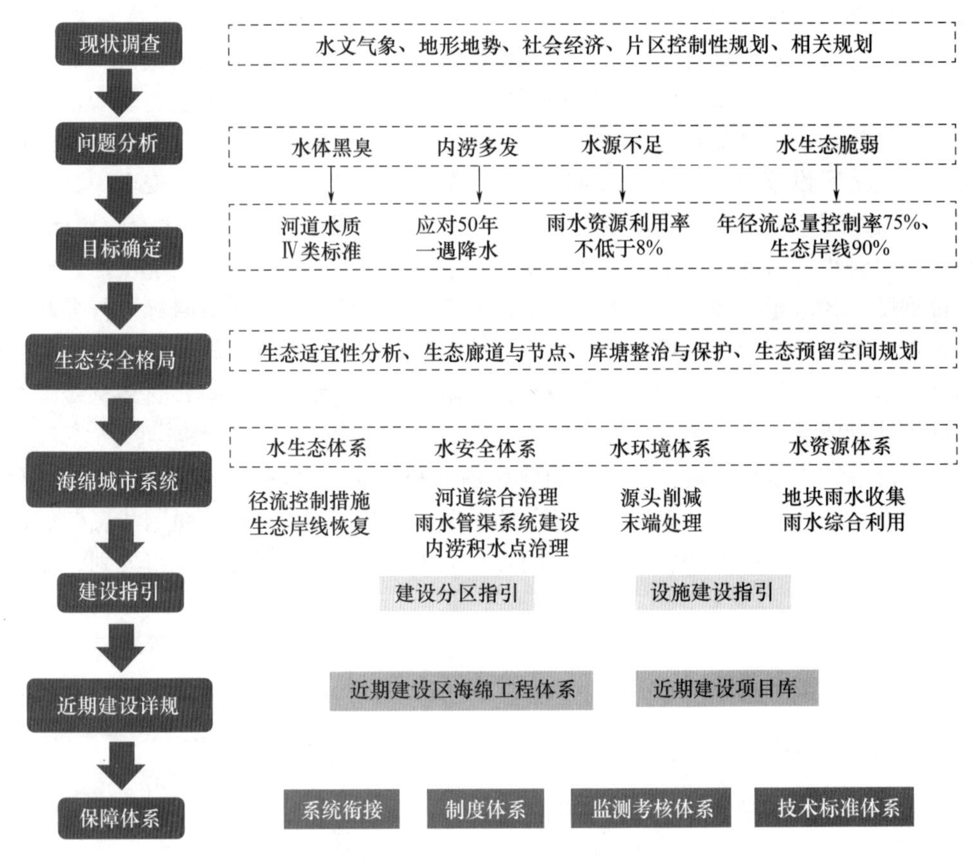

图 2.1 规划系统技术路线图

2.4.3 案例

以《某区海绵城市专项规划（2020—2035 年）》为例，对海绵城市专项规划编制解析如下。

2.4.3.1 区域概况

某区陆域面积 $2.127\times10^5hm^2$，海域面积约 $5.0\times10^5hm^2$，海岸线 282km；共有 27 个街镇，常住人口 171 万。随着该区的开发，城市用水挤占农业用水的水量不断加大，枯水年农业用水难以保障，城乡供水矛盾越来越突出。此外，当地水开发利用率较高，地表水的开发利用已挤占河道生态与环境用水，发展与环境用水矛盾加剧。

2.4.3.2 技术路线

技术路线分为七个部分，按照项目进展深入，依次包括现状调查、问题解析、目标确定、生态安全格局、海绵城市系统、建设指引和保障体系。

首先，调研该区现状，收集和整理相关水文气象、地形地势、社会经济、上位规划和其他相关规划内容。在现状调研和资料梳理整合基础上，对中心城区现状要素进行评估和识别。主要分析规划区及周边区域的水生态、水安全、水环境、水资源现状。

其次，在现状明确和分析基础上，提出本规划的战略目标和分类目标。通过水生态、水安全、水环境和水资源各项子目标的分解，最终实现生态、安全、活力的海绵新区，建设具有海滨山城特色的海绵城市。

再次，从城市自身及周边的生态环境本底特征出发，在确保生态系统结构与功能完整性的同时，尽力保留城市内部与周边自然相融相间的格局。优化该区城市生态格局，保障城市生态安全，构建区域海绵城市空间格局。对中心城区的海绵城市建设用地适宜性进行分析，划分重要的生态廊道和生态节点，保护现有山塘湖体，预留重点生态空间，构建山、水、林、田、湖一体的生态安全格局。根据该区不同用地条件、环境现状及用地需求分析，划分海绵城市功能区，确定不同功能区海绵城市建设重点。

分析 52 个海绵分区空间条件和规划用地布局，从水生态、水安全、水环境、水资源方面构建中心城区的海绵系统。从径流控制、河道生态岸线恢复、防洪防涝体系、污染负荷削减、雨水资源利用等方面，按海绵分区制定不同的海绵管控指标和控制策略。

识别对该区海绵城市建设的适宜性，重点分析对城市建成区的工程建设，确定海绵城市建设的重点工程方向以及适宜设施。

最后，提出指标落实和项目实施完成后的保障措施，包括组织保障、制度保障、资金保障、能力建设等。建立海绵城市领导工作小组，保障区域海绵城市建设的顺利实施；落实海绵城市规划管控制度、投融资制度等，实现该区海绵城市建设项目的全过程管理；在资金保障方面，发挥政府资金杠杆作用，同时鼓励社会资本投入，保障海绵城市建设过程的资金投入；实施人才保障、科技保障，完善应急管理制度，建设相关平台，加强海绵城市能力建设。

2.5 海绵城市详细规划

详细规划是实施国土空间用途管制和核发建设用地规划许可证、建设工程规划许可证、乡村建设规划许可证等城乡建设项目规划许可，以及实施城乡开发建设、整治更新、保护修复活动的法定依据，是优化城乡空间结构、完善功能配置、激发发展活力的实施性政策工具。详细规划包括城镇开发边界内详细规划、城镇开发边界外村庄详细规划及风景名胜区详细规划等类型。各地在“三区三线”划定后，应全面开展详细规划的编制（新编或修编），并结合实际依法在既有规划类型未覆盖地区探索其他类型详细规划。

2.5.1 编制要点

分解和细化城市总体规划及相关专项规划提出的低影响开发控制目标及要求，提出各地块的低影响开发控制指标，纳入地块规划设计要点，作为土地开发建设的规划设计条件，统筹协调、系统设计和建设各类低影响开发设施。通过详细规划可以实现指标控制、布局控制、实施要求、时间控制这几个环节的紧密协同，同时还可以把顶层设计和具体项目的建设运行管理结合在一起。

低影响开发的雨水系统构建涉及整个城市系统，通过当地政府协调规划、排水、道路、园林、交通、项目业主和其他单位，明确目标，落实政策和具体措施。

控制性详细规划应综合考虑水文条件等影响因素，以总体规划中的海绵城市规划指标和相关内容为指导，进一步分解控制指标至地块，在竖向、用地、水系、给排水、绿地、道路等规划设计过程中细化落实海绵城市要求。

控制性详细规划中海绵城市的规划内容是细化并落实管控的直接依据，将为海绵城市控制指标进入规划许可提供法定依据，并为下阶段修建性详细规划和市政、道路等工程设计提供指导依据。

控制性详细规划细化海绵城市建设要点如下：

（1）为将总体规划中有关海绵城市的规划要求和指标落实到控制性详细规划的地块或专业技术内容中，可在总体规划海绵分区的基础上，进一步进行海绵分区的细化与分析，以更好地体现本地区特点，并引导海绵城市指标分解等相关工作。在分区划定过程中，可依据规划区现状、地表竖向和分水岭、土地利用、河流水系、管网布置等，综合考虑行政区划、道路、绿化带，充分体现本地区空间结构、用地布局、土地开发强度等影响因素，确定海绵分区。

（2）明确各地块的低影响开发控制指标。控制性详细规划应在城市总体规划或各专项规划确定的低影响开发控制目标（年径流总量控制率及其对应的设计降雨量）指导下，根据城市用地分类的比例和特点进行分类分解，细化各地块的低影响开发控制指标。地块的低影响开发控制指标可按城市建设类型（已建区、新建区、改造区）、不同排水分区或流域等分区制定。有条件的控制性详细规划也可通过水文计算与模型模拟，优化并明确地块的低影响开发控制指标。

（3）合理组织地表径流。统筹协调开发场地内建筑、道路、绿地、水系等布局和竖向，使地块及道路径流有组织地汇入周边绿地系统和城市水系，并与城市雨水管渠系统和超标雨水径流排放系统相衔接，充分发挥低影响开发设施的作用。

（4）统筹落实和衔接各类低影响开发设施。根据各地块低影响开发控制指标，合理确定地块内低影响开发设施类型及其规模，做好不同地块低影响开发设施之间的衔接，合理布局规划区内占地面积较大的低影响开发设施。

2.5.2 编制方法

2.5.2.1 背景识别与工作思路确定

1. 气候地理特征识别

充分掌握规划城市的气候特点、地形地貌等信息，重点收集水资源及降雨信息。

2. 工作基础研判

整理收集城市涉水规划资料，核实是否已经具备较完整的城市排水防涝设施建设规划等，水文、水资源数据是否完整，是否具有较好的工作基础。

3. 规划编制的主要工作内容

（1）确定海绵城市建设专项规划尺度和规划定位。

（2）基础调查分析。

（3）现状问题识别。

（4）生态格局的划定。

(5) 汇水与排水分区划定。

(6) 目标与指标确定。

4. 主要工作成果

规划的成果包括：文本、说明书和图集。其中，文本是规划中重要的文字说明，描述专项规划中的结论；说明书是技术性文件，是对规划文本的说明；图集与说明书内容相符合。

2.5.2.2 确定规划层级与重点内容

海绵城市专项规划的编制内容，在城市规划区尺度上，侧重于天然海绵体的保护和修复，作为城市总体规划空间管制的支撑：在中心城区尺度上，侧重于整个城市在建设需求、目标、策略和总体方案方面进行编制，并将海绵城市建设纳入既有城市规划管理体系；在近期重点实施区的尺度上，侧重于海绵城市近期建设项目的落实。

2.5.2.3 资料收集与基础调查

针对城市的生态自然本底和水生态、水环境、水资源、水安全方面要解决的核心问题进行调查分析。需收集的资料分为基础资料和辅助性资料。基础资料是进行海绵城市专项规划的必备资料，辅助性资料在一定程度上可以丰富规划内容和成果表达。

1. 基础资料

(1) 规划区近30年的日降雨数据，典型年的分钟级场次降雨数据（或连续降雨数据），用于分析确定自然生态本底时的年降雨径流总量控制率等参数。

(2) 土壤类型分布情况（如果为回填土，说明回填类型、分布范围、回填深度）、土壤密度、土壤地勘资料（土壤孔隙率、渗透系数）、规划区地勘资料、地下水埋深分布图等，用于分析确定海绵城市优先采用的技术措施。

(3) 现状水系分布、水环境情况，环境质量报告书。

(4) 地形图。

(5) 城市下垫面资料（包括国土二调GIS更新图、最新现状用地图、最新高分辨率卫星影像图)，为汇水（排水分区）划分竖向设计、建模分析、设施布局等提供支撑。

(6) 城市排水体制分区图、排水管网普查资料，为排水分区和项目分区划分、建模分析等提供支撑。

(7) 近年城市内涝情况（次数、日期、当日降雨量、淹水位置、深度、时间、范围、现场照片、灾害损失原因分析)，为建模、风险评估等提供支撑。

(8) 重要的相关专项规划：城市供水、节水、排水防涝、防洪、城市竖向、绿地系统、道路交通、城市水系统等专项规划，为确定目标和指标、设施布局安排、多专业方案协同等提供支撑。

(9) 规划区已有的总体规划、控规等成果，为落实目标和指标，确定设施布局安排等提供支撑。

(10) 现状及规划用地特征分类（可分为5类：已建保留、已批在建、已批未建、已建拟更新、未批未建等)，为安排建设任务、落实设施用地等提供支撑。

(11) 城市蓝线划定与保护制度，为设计和安排水生态保护生态岸线、生态修复、水环境治理、“蓝绿融合”等工作提供支撑。

（12）城市绿线划定与保护制度，为布局和安排生态型绿地设施、“蓝绿融合”提供支撑。

2. 辅助性资料

（1）水土保持规划、水土流失治理专项规划等，用于评价自然生态本底的恢复和保持程度。

（2）规划区工程地质分布图及说明、地质灾害及防治规划、地质灾害评价报告、地质灾害分区图，为确定重大设施布局、确定技术路线提供支撑。

（3）规划区现状场地及已批在建、待建场地详细方案设计图，为安排设施建设布局、时序提供支撑。

（4）规划区已有和海绵城市相关项目（项目资料，报告，现状照片）、老旧小区改造（方案、实施效果），为做好近远期工程衔接提供支撑。

（5）城市供水管网的分布情况及建设年限（统计供水漏损严重地区，供水管网年久失修情况），为统筹解决城市水资源问题提供支撑。

（6）园林绿地灌溉用水定额、市政用水定额，为统筹解决城市水资源问题提供支撑。

（7）现有和海绵城市建设相关投资渠道梳理，为近远期实现海绵城市建设的政策环境、保障措施提供支撑。

（8）水源保护区比例、城市水源的供水保障率和水质达标率，为统筹解决城市水资源问题提供支撑。

（9）初期雨水污染特征，为确定水污染治理的目标和指标确定技术路线和具体措施提供支撑。

（10）环境保护专项规划、生态建设规划、生态市建设规划等。

2.5.2.4 生态格局划定

自然生态空间格局的划定，是为了确定城市禁建区和限建区、划定汇水分区、确定雨水蓄排平衡关系和提出管控要求等。

（1）识别城市山、水、林、田、湖等生态本底条件，研究核心生态资源的生态价值、空间分布和保护需求，包括面状、线状和点状自然海绵要素等。

（2）识别水生态敏感区（河流、湖泊、水库、湿地、坑塘、沟渠等）、重要的生态斑块和廊道，构建城市蓝绿空间体系，为海绵城市建设留足生态空间和水域用地，创造山、水、田、城有机融合的自然格局，让城市融入自然，让海绵嵌入城市。

（3）划定蓝色空间。蓝色空间是指河流、湖泊、水库、湿地、坑塘、沟渠等水生态敏感区。通过河流蓝线划定与生态廊道划定相结合的方式控制水生态敏感区。

（4）划定绿色空间。绿色空间包括具有生态高度敏感、高服务价值的斑块和廊道等大海绵系统，以及中心城区公园绿地、交通绿化隔离带、城市通风廊道、城市绿廊绿道系统等。

（5）按照城市蓝线划定方法，划定规划范围内水系蓝线，明确河道蓝线宽度。

2.5.2.5 汇水与排水分区划定

流域汇水分区为第一级分区，主要根据城市地形地貌和河流水系，以分水线为界限划分，其雨水通常排入区域河流或海洋，反映雨水总体流向，对应不同内涝防治系统设计标准。

支流汇水分区为第二级分区，主要根据流域汇水分区和流域支流，以分水线界限划分，其雨水排入流域干流，对应不同内涝防治系统设计标准。

城市排水分区为第三级分区，是海绵城市建设重点关注的排水分区，指主要以雨水出水口为终点提取雨水管网系统，并结合地形坡度进行划分，对应不同雨水管渠设计标准。

2.5.2.6 目标与指标确定

目标是指通过海绵城市建设所能最终实现的效果、产生的收益，以定性描述在水生态、水环境、水资源、水安全方面所能实现的目的为主。指标是为实现目标而进行量化、可以指导工程设计的具体数值，海绵城市建设的核心指标是降雨年径流总量控制率。

科学确定年径流总量控制率目标：（1）按照保护生态、顺应自然原则，尽可能保持自然生态本底的径流特征，主要针对城市新开发建设区域。（2）考虑对环境质量改善的作用，一方面从源头吸纳雨水、减少面源污染，另一方面降低合流制管网溢流频次、减少溢流污染。（3）考虑对降雨削峰错峰的作用，不增加对现有排水管网的负担，综合提升现有排水能力，减少管网改造建设投资。

收集规划区域多年日降雨量数据，通过统计方案得到年径流总量控制率-设计降雨量曲线，通过曲线可知不同年径流总量控制率对应的不同设计降雨量。在年径流总量控制率目标的确定上，综合考虑国家有关文件要求、规划区域的降雨特征，通过模拟分析并结合开发前的水文状态等要素确定。

2.5.2.7 系统方案制定

1. 编制海绵城市源头控制规划

落实城市生态本底对应的年径流总量控制率要求，作为用地管控指标。划定中心城区海绵城市管理单元，将海绵城市核心指标分解至管理单元。

2. 编制城市水安全保障规划

通过实际调查，确定城市易涝点，详细分析内涝成因，科学制定内涝防治规划。构建源头减排、排水管渠设置、排涝除险、超标应急的城市排水防涝体系。

3. 编制城市水环境提升方案

按照控源截污、内源治理、活水补给、生态修复、长治久清的技术思路，制定水环境改善方案，包含净水、补水、活水、乐水。

4. 制定城市水生态修复方案

将中心城区水系的功能划分为源头水质净化、滨水生态修复、亲水空间营造、防洪排水保障等类型。

2.5.3 案例

以《某启动区海绵城市详细规划（2020—2035年）》为例，对海绵城市详细规划编制解析如下。

2.5.3.1 区域概况

某启动区总用地面积77.45hm^2，规划区地处北温带季风区域，属温带季风气候。区域由于海洋环境的直接调节，受来自洋面上的东南季风及海流、水团影响，具有显著的海洋性气候特点。空气湿润，雨量充沛，温度适中，四季分明。

2.5.3.2 现状问题

1. 水环境

启动区的生态环境极为敏感、脆弱，通过数年的努力，生态环境得到明显改善，但目前港区近岸海域水质中化学需氧量、氨氮、总磷、总氮等都呈现一定程度的超标，局部水域不能满足功能区要求，地下水硬度超标。

2. 水安全

青岛市雨水排放主要出路为就近排海或经河道排海。沿海区域和河道入海口两侧区域排水直接受海潮和风暴潮影响，尤其是遭遇天文大潮时，海水顶托严重，排海口和排河口淹没出流，无法正常排水，造成积水。

该区域地势平缓，地面坡降小，位于地面雨水径流及河道下游入海口位置，外部区域有大量洪水汇入，而且规划区范围属于老城区，管道老化破损、设计容量不足，随着城区硬化面积不断扩大，雨水径流量变大，并且现有管道管径偏小，局部不满足排水需求；下暴雨时，路面雨水不能及时排出，导致路面积水；随着道路周边地块开发，原有管线无法满足排水需求，并且管位空间有限，翻建困难。此外，在潮水位顶托情况下，区域防洪排涝压力尤为突出。因此，从总体上讲，区域内没有形成系统有效的防洪排涝减灾体系，严重制约区域社会经济可持续发展。

3. 水生态

启动区区域内无河流。

4. 水资源

目前，该启动区规划范围内建有海泊河污水处理厂，但是启动区域主要道路未敷设再生水管线。由于对污水再生回用的重视程度不足，目前再生水没有作为重要的水源充分开发和利用，再生水处理设施和管网系统建设没有完全纳入城市基础设施统一规划和建设体系。规划区内急需加强污水的再生利用和雨水的资源化利用，以缓解水资源短缺状况。

2.5.3.3 系统规划方案

1. 水生态系统方案

径流控制工程基于低影响开发、灰色与绿色基础措施相结合的理念，构建源头、中途与末端径流控制的雨水系统，结合启动区本地条件，达到年径流总量控制率65.6%

目标。

2. 水安全系统方案

结合青岛国际游轮港区风暴潮规划、管网规划，分析提取规划管网拓扑关系和规划用地数据，通过构建一维模型对管网能力进行模拟评估，对比实施低影响开发措施前后情况，分析其对管网能力的影响，即管网重现期提升标准，若存在管网能力不足，应根据模拟结果对规划管网方案进行优化调整；再次通过构建二维模型对规划区内涝风险进行评估，根据模拟结果，系统优化内涝点位置，针对积水点周边适合场地规划排泄通道，并提出对应标准，优化大排水系统。经水安全方面的管道和泵站等提标改造，内涝标准可达 50 年一遇。外围海堤工程级别为Ⅰ级，防风暴潮标准为 100 年一遇。

3. 水环境系统方案

海绵城市建设对水环境治理有很高要求，面源污染控制率达到 50%以上，总的原则是控源截污、内源治理、生态修复、活水保质、长治久清。水环境方案应有近远期规划方案，其中远期按规划实施后的城市建设区和非建设区进行规划；近期以现状为基础，考虑到近期规划年限的发展情况制定方案，近远期工程项目应有衔接，保证近期实施项目远期尽可能发挥综合效益。通过源头分流改造工程和过程管网完善工程，实现点源污染基本消除、面源污染大幅削减。到 2030 年，削减率达到 49.4%。

4. 水资源方案

结合启动区周边情况，应充分利用规划区雨水资源，解决好雨水资源利用的技术、政策、管理和社会问题，促使非常规水源利用走上健康发展的道路。

2.6 海绵城市系统化实施方案

将海绵城市建设有关要求纳入国土空间规划、有关专项规划、控制性详细规划中。结合专项规划和详细规划，配套制定符合城市实际情况的海绵城市建设标准规范，突出海绵城市建设的技术性要求和关键性内容，并加强与其他规划的协调与融合，合理制定相关控制指标，明确实施策略、原则和重点实施区域，确定系统化实施方案，消除城市内涝风险，恢复城市生态本底特征。

2.6.1 编制要点

海绵城市系统化方案是一个多目标、多途径、综合性、系统化的工程方案。即针对同一目标有多项不同的工程措施和实现途径，同时每项工程措施的实施也可以对多个不同的问题产生不同程度的治理效果，最终通过一套综合的工程方案，实现各项问题的系统解决。以区域流域为对象，以水体黑臭、内涝积水和水资源缺乏三大问题为抓手，以“源头减排、过程控制、系统治理”三大手段为工具，通过技术比选和优化，确定海绵城市建设项目，落实海绵城市设施布局，制定海绵城市建设计划。

2.6.2 编制方法

首先，通过对项目区的各部分现状进行调研，收集和整理相关水文气象、地形地势、社会经济、上位规划和其他相关规划内容。在现状调研和资料梳理整合的基础上，对项目区现状要素进行评估和识别，分析项目区内存在的主要问题。其次，在现状情况明确和分析的基础上，提出本规划的战略目标和分类目标。再次，针对项目区存在的主要问题及规划目标，按照源头减排、过程控制和系统治理的规划思路，确定解决问题的具体方案，并对项目投资进行合理预测，确保工程投资经济合理。最后，建立合理的海绵城市考核评估体系和完善的保障体系，为海绵城市建设的实施提供支持和保障（图 2.2）。

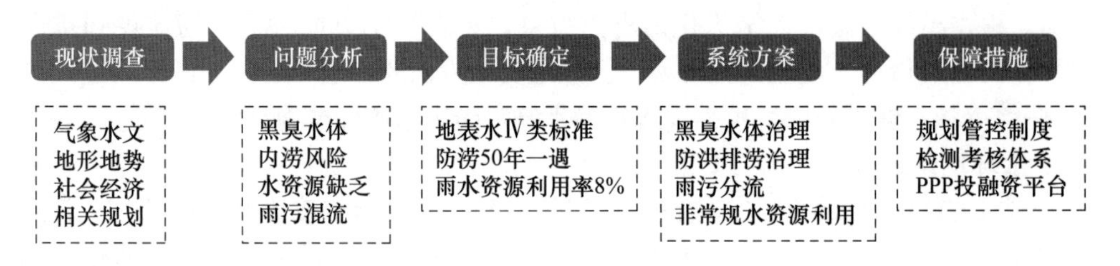

图 2.2　系统化方案规划思路

2.6.3　案例

以《某区海绵城市试点区系统化实施方案（2016—2018）》为例，对海绵城市系统化实施方案编制解析如下。

2016 年 4 月，财政部、住房城乡建设部、水利部三部委共同组成评审专家组，在中国城市规划设计研究院召开《2016 年海绵城市试点竞争性评审》会议，确定示范区，并组织编制《××市海绵城市专项规划（2016—2030）》，统筹山、水、林、田、湖、草系统治理，明确城市河湖水系、湿地、林地、低洼地等天然海绵体的保护范围，纳入城市禁止建设区、限制建设区和蓝线绿线管控范围，科学划定排水分区，明确竖向管控要求；按照城市自然水文特征、水环境质量等生态本底条件，根据“生态功能保障基线、环境安全质量底线、自然资源利用上限”目标，明确城市年径流总量控制率、水环境质量、城市内涝防治、非常规水资源利用等规划管控指标；相关专项规划在水质与水量、生态与安全、分布与集中、绿色与灰色、景观与功能、地上与地下、岸上与岸下等方面协调，针对社会生态、水环境、水安全、水资源等方面的问题，提出源头减排设施、排水管渠、调蓄设施、泵站、污水处理及再生利用、绿色基础设施等建设任务、布局和规模，并落实设施用地。

2.6.3.1　试点区概况

该海绵城市系统化实施方案规划范围为某市海绵城市试点区，位于市内主城区的某区内，试点区总面积 $2.524\times10^{3}\mathrm{hm}^{2}$。地处北温带季风区域，属温带季风气候，区域由于海洋环境的直接调节，受来自洋面上的东南季风及海流、水团影响，又具有显著的海洋性气候特点。空气湿润，雨量充沛，温度适中，四季分明。属于半丘陵山地区域，整体地势东北高西南低。

2.6.3.2　海绵城市建设条件分析

1. 试点区内河流主要包括河流一、河流二和河流三汇水分区，三大流域河道清洁水源补给主要为地下水渗入。试点区现状年径流总量控制率较低，降水对地下水补给量较小，导致河道缺少足够的清洁水源补给。

2. 试点区内河道硬质化情况严重，硬化和渠化的砌筑堤岸过于单一，切断了地下水补给通道，破坏了水生态平衡，降低了水体自净能力。

3. 试点区内水体普遍水质较差，甚至出现黑臭现象。其中，河流一的三个河段分别被列为该市黑臭水体、中度黑臭和重度黑臭，总长度 2.52km。存在雨污混接、旱季溢流及污水直排等问题，造成大量的点源污染。此外，河道底泥淤积严重，存在垃圾随意堆放现象。

4. 该市淡水资源短缺，是我国水资源严重缺乏城市之一。城市建设与经济迅速发展使水资源供需矛盾问题日益突出。

5. 由于城市开发建设，部分季节性河流、冲沟、水塘被改为暗渠或填埋，造成雨季排水不畅。极端天气下，部分区域存在内涝风险。主要原因有：局部地区受到潮位顶托影响；试点区内山体较多，局部地段有山洪侵袭风险；部分河道断面泄洪能力不足，排水也受到影响；试点区内雨水管道系统设计标准较低，排水能力较低；源头地块硬化率高，部分地区雨水箅子收水能力不足。

2.6.3.3 规划指标

根据住房城乡建设部考核要求，确定试点区目标如下。

1. 水生态

通过海绵城市的建设，保护山体、水体、林地等重要生态敏感区，通过生态空间的有序指引，保护及恢复原有的水文循环，实现对雨水径流量的控制，最终达到城市与自然的共生。实现年径流总量控制率不低于 75%，生态岸线比例达到 92%以上，水面率不低于 2%。

2. 水环境

该市内建成区要于 2017 年年底前基本消除黑臭水体。试点区内现状河道水环境质量较差，确定试验区河流一、河流二和河流三等主要河流水质目标为Ⅳ类水体。城市面源污染控制率达到 65%，地表水体水质达标率达到 100%。

3. 水安全

提高防洪排涝能力，控制城市径流，减轻暴雨影响。确定试点区城市内涝防治标准为 50 年一遇。

4. 水资源

确定试点区雨水资源化利用率达到 8%以上，再生水利用率达到 30%。

2.6.3.4 排水分区建设方案

选取河流二排水分区建设方案作为介绍对象。河流二汇水分区位于试点区南部，北临山体，由东北至西南横贯分区，汇水分区总面积为 953.6hm^2。

河道有水比例较高，枯水期较干涸，丰水期为黑臭水体，部分河段水动力条件不错，但水质较差，河道整体水环境容量不足。通过计算河流二的汇水分区典型年水环境容量和污染物排放总量，可得出分区年均入河污染物总量远超地表水环境容量，入河污染物（COD、氨氮、总磷）是水环境容量的3～6倍，其中点源排污量占比最高，河道首要污染物为COD。其治理思路见图2.3。

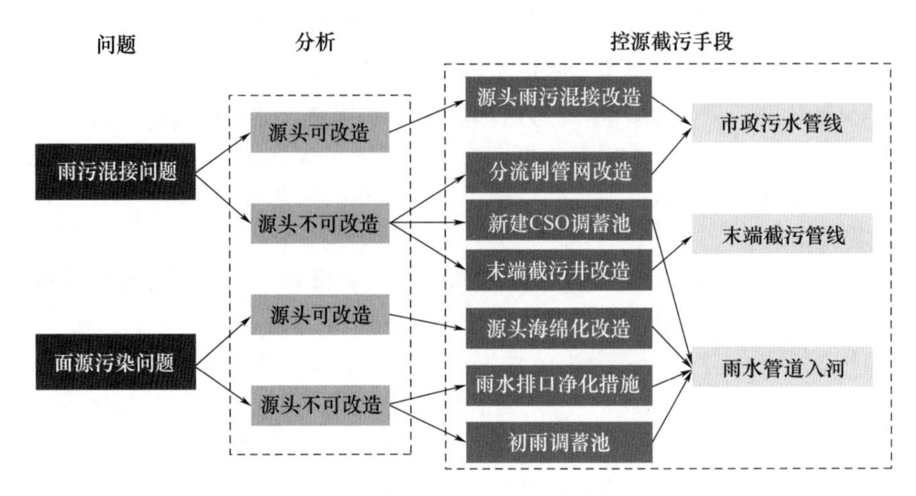

图2.3　河流二排水分区控源截污实施思路

根据以上现状及问题分析，通过对小区内部管网改造、面源污染控制、新建和改造污水管线、新建截污井、新建雨水排口净化设施、新建初期雨水调蓄池、新建CSO调蓄池、河道清淤、河道垃圾清理、活水提质、生态修复等方式，建设海绵城市。

通过源头地块改造、新建和改造污水管网。河流二汇水分区可消除存在污水直排和雨污混接现象的排水分区3处，分区面积77hm^2，占河流二汇水分区的8.1%。河流二流域点源整治中，最重要的削减手段为排口处新建截污井。该流域面源污染的主要整治手段为源头地块的海绵化改造，由于改造地块有限，对于近期难以改造的地块，通过在入河口增加排口处理设施，提升污染物削减率，达到控制面源污染目的。

河流二汇水分区通过整个黑臭水体方案改造，水环境容量有所提升。点源污染物全部消除，内源污染物基本消除，面源污染物大部分消除。入河污染物总负荷均小于水环境容量，但个别月份由于雨季面源污染较大，入河污染负荷稍大于水环境容量。通过源头控制工程对雨水径流进行控制，建设海绵城市，突破传统的“以排为主”的城市雨管理理念，充分发挥城市建筑与小区、绿地、道路、水系等对雨水的吸纳、渗蓄滞作用，采用渗、滞、蓄等多种技术建设海绵城市。对建筑与小区实施屋顶绿化，在滞留雨水同时起到节能减排、缓解热岛效应的功效。将小区部分绿地下沉，雨水进入下沉式绿地进行调蓄、下渗与净化，而不是直接通过下水道排放。小区的景观水体可作为调蓄、净化与利用雨水的综合设施。城市道路是径流雨水及其污染物产生的主要场所之一，对城市道路径流雨水的控制尤为重要。在人行道采用透水砖，将道路绿化带建设为生物滞留带，可有效消纳和净化路面雨水。

通过一系列源头减排、过程控制和系统治理工程改造后，黑臭水体和排水防涝基本得到较好治理。规划以落实海绵理念为指导，切实发挥海绵设施的调控效果。

1. 水生态指标年径流总量控制率及生态岸线率

年径流总量控制率。通过源头减排，该指标从现状的43%提升到63%，经过程与末端处理设施后可达到77%，满足规划实施标准。

生态岸线率。通过对石砌护岸的复式改造，全流域生态岸线率可以达到100%，水面率可以达到2.45%，满足规划实施指标。

2. 水安全指标

通过源头减排与过程控制，对50年一遇的暴雨进行模拟，满足道路中一条车道的积水深度不超过15cm要求，可认为达到内涝申报指标。大村河流域防洪堤达标率100%，排涝达标率100%。

3. 水环境指标

经源头改造后，区域SS削减率34.6%。经过程与末端处理设施后，区域SS削减率67%，达到65%标准要求。通过源头减排与过程措施，旱季污水全收集，地表水环境质量基本可达地表水Ⅳ类标准，全年达标天数比例约92%。

3 设　　计

3.1 一般规定

3.1.1 计算参数

3.1.1.1　降雨

根据青岛市1961—2013年的年降雨量资料，年平均降雨量为709mm。

3.1.1.2　年平均径流总量控制率与设计降雨量关系

根据青岛市1961—2013年的日降雨量资料，年平均径流总量控制率与设计降雨量的对应关系如图3.1及表3.1所示。

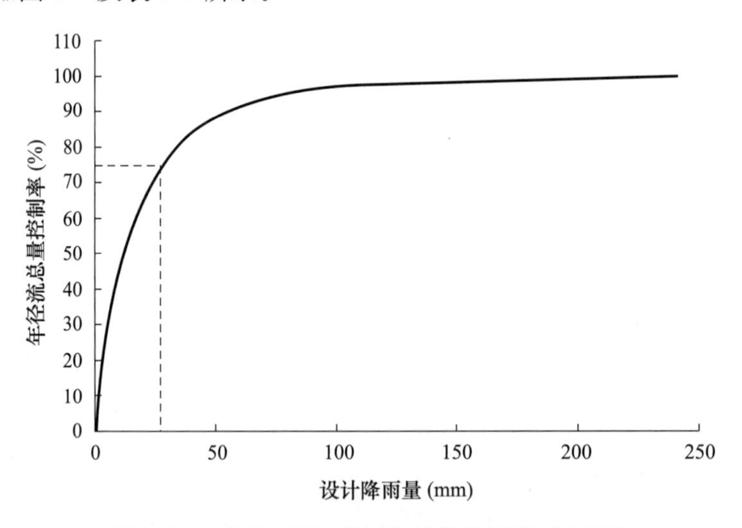

图3.1　青岛市年径流总量控制率-设计降雨量曲线

表3.1　青岛市年径流总量控制率与对应设计降雨量

年径流总量控制率（%）	60	65	70	75	80	85	90
设计降雨量（mm）	16.2	19.3	22.9	27.4	33.6	42.2	55.0

3.1.1.3　暴雨强度公式

青岛市中心城区暴雨强度公式

$$q=\frac{1909.009\ (1+0.997\lg P)}{(t+10.740)^{0.738}} \tag{3-1}$$

$$Q=167\psi iF \tag{3-2}$$

式中 P——设计暴雨重现期，年；

t——降雨历时，min；

ψ——径流系数；

Q——设计雨水流量，L/s；

F——汇水面积，hm^2；

i——暴雨强度，mm/min；

q——设计暴雨强度，L/（s·hm^2）。

$$t=t_1+t_2 \tag{3-3}$$

式中：t——降雨历时，min；

t_1——地面集水时间，min，应根据汇水距离、地形坡度和地面种类计算确定，一般采用 5～15min；

t_2——管渠内雨水流行时间，min。

3.1.1.4 土壤渗透系数

土壤渗透系数应以实测资料为准，缺乏资料时，可参考表 3.2 确定各种土壤层的渗透系数。

表 3.2 青岛市各种土壤渗透系数

土壤层	土壤渗透系数（m/d）	透水性分级
素填土	20～25	强透水
杂填土	25～30	强透水
细中砂	20	强透水
中砂	15	强透水
中粗砂	15～30	强透水
粗砾砂	20～30	强透水
淤泥质粉质黏土	0.001～0.002	微透水
粉质黏土	0.01～0.02	弱透水
砾砂	15～25	强透水
安山岩	0.01～0.50	弱透水
花岗岩	0.01～0.50	弱透水
含黏性土砾砂	15～20	强透水
黏土	0.01	弱透水

3.1.1.5 降水典型年的选取

通过分析青岛、崂山、即墨、莱西、平度、胶州和黄岛共 7 个国家气象观测站 1981—2017 年的气象观测资料得出各站的降水典型年分别为：青岛站 1984 年；崂山站、即墨站和平度站2004年；莱西站2010年；胶州站2017年；黄岛站2014年。

3.1.2 计算方法

3.1.2.1 以渗透为主要功能的设施规模计算

对于生物滞留设施、渗透塘、渗井等顶部或结构内部有蓄水空间的渗透设施，设施规模应按照以下方法计算。对透水铺装等仅以原位下渗为主、顶部无蓄水空间的渗透设施，其基层及垫层空隙虽有一定的蓄水空间，但其蓄水能力受面层或基层渗透性能的影响很大，因此透水铺装可通过参与综合雨量径流系数计算的方式确定其规模。

1. 渗透设施有效调蓄容积

$$V_s = V - W_p \tag{3-4}$$

式中 V_s——渗透设施有效调蓄容积，包括设施顶部和结构内部蓄水空间的容积，m^3；

V——渗透设施进水量，m^3，参照“容积法”计算；

W_p——渗透量，m^3。

2. 渗透设施渗透量

$$W_p = KJA_s t_s \tag{3-5}$$

式中 W_p——渗透量，m^3；

K——土壤（原土）渗透系数，m/s；

J——水力坡降，一般可取 $J=1$；

A_s——有效渗透面积，m^2；

t_s——渗透时间，h，指降雨过程中设施的渗透历时，一般可取2h。

渗透设施的有效渗透面积 A_s 应按下列要求确定：

（1）水平渗透面按投影面积计算；

（2）竖直渗透面按有效水位高度的1/2计算；

（3）斜渗透面按有效水位高度1/2所对应的斜面实际面积计算；

（4）地下渗透设施的顶面积不计。

3.1.2.2 以储存为主要功能的设施规模计算

雨水罐、蓄水池、湿塘、雨水湿地等设施以储存为主要功能时，其储存容积应通过“容积法”及“水量平衡法”计算，并通过技术经济分析后综合确定。

1. 径流总量计算方法

$$V = 10H\varphi F \tag{3-6}$$

式中 V——设计调蓄容积，m^3；

H——设计降雨量，mm；

φ——雨量径流系数；

F——汇水面积，hm^2。

用于合流制排水系统的径流污染控制时，雨水调蓄池的有效容积可参照《室外排水设计标准》（GB 50014—2021）计算（表3.3）。

表 3.3 径流系数

汇水面种类	雨量径流系数 φ	流量径流系数 ψ
绿化屋面（绿色屋顶，基质层厚度≥300mm）	0.30～0.40	0.40
硬屋面、未铺石子的平屋面、沥青屋面	0.80～0.90	0.85～0.95
铺石子的平屋面	0.60～0.70	0.80
混凝土或沥青路面及广场	0.80～0.90	0.85～0.95
大块石等铺砌路面及广场	0.50～0.60	0.55～0.65
沥青表面处理的碎石路面及广场	0.45～0.55	0.55～0.65
级配碎石路面及广场	0.40	0.40～0.50
干砌砖石或碎石路面及广场	0.40	0.35～0.40
非铺砌的土路面	0.30	0.25～0.35
绿地	0.15	0.10～0.20
水面	1.00	1.00
地下建筑覆土绿地（覆土厚度≥500mm）	0.15	0.25
地下建筑覆土绿地（覆土厚度<500mm）	0.30～0.40	0.40
透水铺装地面	0.08～0.45	0.08～0.45
下沉广场（50年及以上一遇）	—	0.85～1.00

2. 水量平衡法

水量平衡法主要用于湿塘、雨水湿地等设施储存容积的计算。设施储存容积应首先按照“容积法”计算，同时为保证设施正常运行（如保持设计常水位），再通过水量平衡法计算设施每月雨水补水水量、外排水量、水量差、水位变化等相关参数，最后通过经济分析确定设施设计容积的合理性并进行调整，水量平衡计算过程可参照表 3.4。

表 3.4 水量平衡计算表

项目	汇流雨水量	补水量	蒸发量	用水量	渗漏量	水量差	水体水深	剩余调蓄高度	外排水量	额外补水量
单位	m^3/月	m^3/月	m^3/月	m^3/月	m^3/月	m^3/月	m	m	m^3/月	m^3/月
编号	[1]	[2]	[3]	[4]	[5]	[6]	[7]	[8]	[9]	[10]
1月										
2月										
⋮										
11月										
12月										
合计										

3.1.2.3 以调节为主要功能的设施规模计算

调节塘、调节池等调节设施，以及以径流峰值调节为目标设计的蓄水池、湿塘、雨水湿地等设施容积应根据雨水管渠系统设计标准、下游雨水管道负荷（设计过流流量）

及入流、出流流量过程线，经技术经济分析合理确定，调节设施容积按下式计算。

$$V = \mathrm{Max}\left[\int_0^T (Q_{in} - Q_{out})\mathrm{d}t\right] \tag{3-7}$$

式中　V——调节设施容积，m^3；

Q_{in}——调节设施的入流流量，m^3/s；

Q_{out}——调节设施的出流流量，m^3/s；

t——计算步长，s；

T——计算降雨历时，s。

3.1.2.4　*以转输为主要功能的设施规模计算*

$$Q = \psi qF \tag{3-8}$$

式中　Q——雨水设计流量，L/s；

ψ——流量径流系数；

q——设计暴雨强度，L/（s·hm^3）；

F——汇水面积，hm^3。

城市雨水管渠系统设计重现期的取值及雨水设计流量的计算等还应符合《室外排水设计标准》（GB 50014—2021）的有关规定。

3.2　不同类型用地常见设施使用指引

3.2.1　市政道路、停车场类建设项目

适宜采用的设施：透水铺装、下沉式绿地、生态树池、植草沟、渗井。

3.2.2　公园绿地、广场类建设项目

适宜采用的设施：透水铺装、湿塘、调节塘、收集回用设施、植草沟、入渗设施、滞留（流）设施、滞雨水花园。

3.2.3　水体类建设项目

适宜采用的设施：雨水花园、滞留（流）设施、雨水排出口末端处理。

3.2.4　居住建设项目

适宜采用的设施：透水铺装、绿色屋顶、湿塘、雨水罐、雨水花园、生态树池、植草沟、渗井、调节塘、渗管/渠。

3.2.5　商业服务及公共管理与服务设施建设项目

适宜采用的设施：透水铺装、绿色屋顶、雨水花园、生态树池、植草沟、滞留（流）设施、收集回用设施。

3.2.6 工业、仓储建设项目

适宜采用的设施：透水铺装、绿色屋顶、雨水花园、生态树池、植草沟、滞留（流）设施、收集回用设施。

3.3 常见设施设计要点

3.3.1 透水铺装

3.3.1.1 概念

透水铺装通过采用大孔隙结构层或者排水渗透设施，使雨水能够通过渗透设施就地下渗，从而达到减少地表径流、雨水还原地下等目的。根据面层材料不同，透水铺装包括透水砖铺装、透水水泥混凝土铺装和透水沥青混凝土铺装，嵌草砖、园林铺装中的鹅卵石、碎石铺装等也属于透水铺装。

透水铺装一般用于车行道路、人行道路、小型园路、大型公共广场、小型休闲广场、室外停车场、室外运动场等。

3.3.1.2 设计要点

透水铺装应满足以下要求：

（1）透水铺装对道路路基强度和稳定性的潜在风险较大时，可采用半透水铺装结构。

（2）土地透水能力有限时，应在透水铺装的透水基层内设置排水管或排水板。

（3）当透水铺装设置在地下室顶板上时，顶板覆土厚度不应小于600mm，并应设置排水层。

透水铺装应用于以下区域时，还应采取必要的措施防止次生灾害或地下水污染发生：

（1）可能造成陡坡坍塌、滑坡灾害的区域，湿陷性黄土、膨胀土和高含盐土等特殊土壤地质区域。

（2）使用频率较高的商业停车场、汽车回收及维修点、加油站及码头等径流污染严重的区域。

3.3.1.3 优缺点

透水铺装适用范围广、施工方便，可补充地下水并具有一定的峰值流量削减和雨水净化作用，但易堵塞，寒冷地区有被冻融破坏的风险。

3.3.2 下沉式绿地

3.3.2.1 概念

下沉式绿地具有狭义和广义之分。狭义的下沉式绿地指低于周边铺砌地面或道路在

200mm以内的绿地。广义的下沉式绿地泛指具有一定的调蓄容积（在以径流总量控制为目标进行目标分解或设计计算时，不包括调节容积），且可用于调蓄和净化径流雨水的绿地，包括生物滞留设施、渗透塘、湿塘、雨水湿地、调节塘等。

下沉式绿地可广泛应用于城市建筑与小区、道路、绿地和广场内。对于径流污染严重、设施底部渗透面距离季节性最高地下水位或岩石层小于1m及距离建筑物基础小于3m（水平距离）的区域，应采取必要措施防止次生灾害发生。

3.3.2.2 设计要点

狭义的下沉式绿地应满足以下要求：

（1）下沉式绿地的下凹深度应根据植物耐淹性能和土壤渗透性能确定，一般为100～200mm。

（2）下沉式绿地内一般应设置溢流口（如雨水口），保证暴雨时径流的溢流排放，溢流口顶部标高一般应高于绿地50～100mm。

3.3.2.3 优缺点

狭义的下沉式绿地适用区域广，其建设费用和维护费用均较低，但大面积应用时易受地形等条件影响，实际调蓄容积较小。

3.3.3 植草沟

3.3.3.1 概念

植草沟指种有植被的地表沟渠，可收集、输送和排放径流雨水，并具有一定的雨水净化作用，可用于衔接其他各单项设施、城市雨水管渠系统和超标雨水径流排放系统。除转输型植草沟外，还包括渗透型的干式植草沟及常有水的湿式植草沟，可分别提高径流总量和径流污染控制效果。

植草沟适用于建筑与小区内道路，广场、停车场等不透水面的周边，城市道路及城市绿地等区域，也可作为生物滞留设施、湿塘等低影响开发设施的预处理设施。

3.3.3.2 设计要点

植草沟应满足以下要求：

（1）浅沟断面形式宜采用倒抛物线形、三角形或梯形。

（2）植草沟的边坡坡度（垂直：水平）不宜大于1：3，纵坡不应大于4%。纵坡较大时宜设置为阶梯形植草沟或在中途设置消能台坎。

（3）植草沟最大流速应小于0.8m/s，曼宁系数宜为0.2～0.3。

（4）转输型植草沟内植被高度宜控制在100～200mm。

3.3.3.3 优缺点

植草沟具有建设及维护费用低，易与景观结合的优点，但已建城区及开发强度较大的新建城区等易受场地条件制约。

3.3.4 绿色屋顶

3.3.4.1 概念

绿色屋顶也称种植屋面、屋顶绿化等。根据种植基质深度和景观复杂程度，绿色屋顶又分为简单式和花园式，基质深度根据植物需求及屋顶荷载确定。简单式绿色屋顶的基质深度一般不大于150mm，花园式绿色屋顶在种植乔木时基质深度可超过600mm。

绿色屋顶适用于符合屋顶荷载、防水等条件的平屋顶建筑和坡度≤15°的坡屋顶建筑。

3.3.4.2 设计要点

（1）以生态为基础，注重植物的选择、配置和管理，使其具有良好的生态效益。

（2）应符合建筑物的结构和安全要求，考虑屋顶负荷、抗风能力等因素。

（3）应注重景观效果，使其具有良好的视觉效果和环境适应性。

3.3.4.3 优缺点

绿色屋顶可有效减少屋面径流总量和径流污染负荷，具有节能减排的作用，但对屋顶荷载、防水、坡度、空间条件等有严格要求。

3.3.5 渗透塘

3.3.5.1 概念

渗透塘是一种用于雨水下渗补充地下水的洼地，具有一定的净化雨水和削减峰值流量的作用。

渗透塘适用于汇水面积较大（大于1hm^2）且具有一定空间条件的区域。

3.3.5.2 设计要点

渗透塘应满足以下要求：

（1）渗透塘前应设置沉砂池、前置塘等预处理设施，去除大颗粒污染物并减缓流速；有降雪的城市，应采取弃流、排盐等措施防止融雪剂侵害植物。

（2）渗透塘边坡坡度（垂直：水平）一般不大于1：3，塘底至溢流水位一般不小于0.6m。

（3）渗透塘底部构造一般为200～300mm的种植土、透水土工布及300～500mm的过滤介质层。

（4）渗透塘排空时间不应大于24h。

（5）渗透塘应设溢流设施，并与城市雨水管渠系统和超标雨水径流排放系统衔接，渗透塘外围应设安全防护措施和警示牌。

3.3.5.3 优缺点

渗透塘可有效补充地下水、削减峰值流量、建设费用较低，但对场地条件要求较严格，对后期维护管理要求较高。

3.3.6 渗井

3.3.6.1 概念

渗井指通过井壁和井底进行雨水下渗的设施。为增大渗透效果，可在渗井周围设置水平渗排管，并在渗排管周围铺设砾（碎）石。

渗井主要适用于小区内建筑、道路及停车场的周边绿地内。

3.3.6.2 设计要点

渗井应满足下列要求：

（1）雨水通过渗井下渗前，应通过植草沟、植被缓冲带等设施对雨水进行预处理。

（2）渗井的出水管内底高程应高于进水管管内顶高程，但不应高于上游相邻井的出水管管内底高程。

渗井调蓄容积不足时，也可在渗井周围连接水平渗排管，形成辐射渗井。

3.3.6.3 优缺点

渗井占地面积小，建设和维护费用较低，但其水质和水量控制作用有限。

3.3.7 湿塘

3.3.7.1 概念

湿塘指具有雨水调蓄和净化功能的景观水体，雨水同时作为其主要的补水水源。湿塘有时可结合绿地、开放空间等场地条件设计为多功能调蓄水体，即平时发挥正常的景观及休闲、娱乐功能，暴雨发生时发挥调蓄功能，实现土地资源的多功能利用。湿塘一般由进水口、前置塘、主塘、溢流出水口、护坡及驳岸、围护通道等构成。

湿塘适用于建筑与小区、城市绿地、广场等具有空间条件的场地。

3.3.7.2 设计要点

湿塘应满足以下要求：

（1）进水口和溢流出水口应设置碎石、消能坎等消能设施，防止水流冲刷和侵蚀。

（2）前置塘为湿塘的预处理设施，起到沉淀径流中大颗粒污染物的作用；池底一般为混凝土或块石结构，便于清淤；前置塘应设置清淤通道及防护设施，驳岸形式宜为生态软驳岸，边坡坡度（垂直：水平）一般为 1：2～1：8；前置塘沉泥区容积应根据清淤周期和所汇入径流雨水的 SS 污染物负荷确定。

（3）溢流出水口包括溢流竖管和溢洪道，排水能力应根据下游雨水管渠或超标雨水径流排放系统的排水能力确定。

3.3.7.3 优缺点

湿塘可有效削减较大区域的径流总量、径流污染和峰值流量，是城市内涝防治系统的重要组成部分，但对场地条件要求较严格，建设和维护费用高。

3.3.8 雨水罐

3.3.8.1 概念

雨水罐也称雨水桶，为地上或地下封闭式的简易雨水集蓄利用设施，可用塑料、玻璃钢或金属等材料制成。

适用于单体建筑屋面雨水的收集利用。

3.3.8.2 优缺点

雨水罐多为成型产品，施工安装方便，便于维护，但其储存容积较小，雨水净化能力有限。

3.3.9 渗管/渠

3.3.9.1 概念

渗管/渠指具有渗透功能的雨水管/渠，可采用穿孔塑料管、无砂混凝土管/渠和砾（碎）石等材料组合而成。

渗管/渠适用于建筑与小区及公共绿地内转输流量较小的区域。

3.3.9.2 设计要点

渗管/渠应满足以下要求：

（1）渗管/渠应设置植草沟、沉淀（砂）池等预处理设施。

（2）渗管/渠开孔率应控制在1%～3%之间，无砂混凝土管的孔隙率应大于20%。

（3）渗管/渠的敷设坡度应满足排水的要求。

（4）渗管/渠四周应填充砾石或其他多孔材料，砾石层外包透水土工布，土工布搭接宽度不应小于200mm。

（5）渗管/渠设在行车路面下时覆土深度不应小于700mm。

3.3.9.3 优缺点

渗管/渠对场地空间要求少，但建设费用较高，易堵塞，维护较困难。

3.3.10 调节塘

3.3.10.1 概念

调节塘也称干塘，以削减峰值流量功能为主，一般由进水口、调节区、出口设施、护坡及堤岸构成，也可通过合理设计使其具有渗透功能，起到一定的补充地下水和净化雨水的作用。

调节塘适用于建筑与小区、城市绿地等具有一定空间条件的区域。

3.3.10.2　设计要点

调节塘应满足以下要求：

（1）进水口应设置碎石、消能坎等消能设施，防止水流冲刷和侵蚀。

（2）应设置前置塘对径流雨水进行预处理。

（3）调节区深度一般为0.6～3m，塘中可以种植水生植物以减小流速、增强雨水净化效果。塘底设计成可渗透时，塘底部渗透面距离季节性最高地下水位或岩石层不应小于1m，距离建筑物基础不应小于3m（水平距离）。

（4）调节塘出水设施一般设计成多级出水口形式，以控制调节塘水位，增加雨水水力停留时间（一般不大于24h），控制外排流量。

3.3.10.3　优缺点

调节塘可有效削减峰值流量，建设及维护费用较低，但其功能较单一，宜利用下沉式公园及广场等与湿塘、雨水湿地合建，构建多功能调蓄水体。

3.3.11　调节池

3.3.11.1　概念

调节池为调节设施的一种，主要用于削减雨水管渠峰值流量，一般常用溢流堰式或底部流槽式，可以是地上敞口式调节池或地下封闭式调节池。

调节池适用于城市雨水管渠系统，削减管渠峰值流量。

3.3.11.2　优缺点

调节池可有效削减峰值流量，但其功能单一，建设及维护费用较高，宜利用下沉式公园及广场等与湿塘、雨水湿地合建，构建多功能调蓄水体。

3.3.12　植被缓冲带

3.3.12.1　概念

植被缓冲带为坡度较缓的植被区，经植被拦截及土壤下渗作用减缓地表径流流速，并去除径流中的部分污染物，植被缓冲带坡度一般为2%～6%，宽度不宜小于2m。

植被缓冲带适用于道路等不透水面周边，可作为生物滞留设施等低影响开发设施的预处理设施。

3.3.12.2　设计要点

（1）设计中要考虑选址、规模、植被种类配置及管理维护4个要素。

（2）在进行植被缓冲带布局时，应尽量选择阳光充足的地方，以便地面在两次降雨间隔期内可以干透。

（3）选址一般在坡地的下坡位置，与径流流向垂直布置；对于长坡，可以沿等高线多设置几道缓冲带，以削减水流的能量。

（4）适当的维护（如清理沉积物、修补损坏植被）是保持缓冲区功能的重要保障。

3.3.12.3 优缺点

植被缓冲带建设与维护费用低，但对场地空间大小、坡度等条件要求较高，且径流控制效果有限。

3.3.13 初期雨水弃流设施

3.3.13.1 概念

初期雨水弃流指通过一定方法或装置将存在初期冲刷效应、污染物浓度较高的降雨初期径流予以弃除，以降低雨水的后续处理难度。弃流雨水应进行处理，如排入市政污水管网（或雨污合流管网）由污水处理厂进行集中处理等。常见的初期弃流方法包括容积法弃流、小管弃流（水流切换法）等，弃流形式包括自控弃流、渗透弃流、弃流池、雨落管弃流等。

主要适用于屋面雨水的雨落管、径流雨水的集中入口等低影响开发设施的前端。

3.3.13.2 优缺点

初期雨水弃流设施占地面积小、建设费用低，可降低雨水储存及净化设施的维护管理费用，但径流污染物弃流量一般不易控制。

3.3.14 环保型雨水口

3.3.14.1 概念

环保型雨水口是采用注塑工艺生产的整体成型产品，并按照一定的开孔率在雨水口的侧壁和底部加工渗透孔，其经过优化设计，在小雨时能够净化初期雨水，大雨时不影响雨水的顺畅排放，具有良好的承重性能、高效的雨水净化能力、安装维护便捷等特点。

主要应用于建筑与小区、城市道路和广场。

3.3.14.2 优缺点

环保型雨水口箱体为树脂混凝土，具有强度高、质量轻、抗老化、抗冻及抗化学腐蚀性强、防渗、承载力强等特点。其多层的截污方式、专用的过滤料包和防堵功能的设计，既能高效净化雨水，又保证了排水通畅。

3.3.15 生态驳岸与护坡

3.3.15.1 概念

生态驳岸与护坡在园林施工中统称为岸坡，是沿河地面以下，保护河岸（阻止河岸崩塌或冲刷）的构筑物及设施，保护园林中的水体。营造一个环境优美、空气清新、人人向往的舒适宜人环境，必须在符合技术要求的条件下造型美观，并与周围景色协调。

3.3.15.2　设计要点

（1）应满足岸坡稳定的要求。

（2）应与生态过程相协调，尽量使其对环境的破坏影响最小。

3.3.15.3　优缺点

驳岸主要是防止洪水波及河岸，以减少洪水的破坏性。驳岸一般分为4种类型：水泥驳岸、混凝土驳岸、石驳岸和木驳岸。其中水泥驳岸具有较强的防护性能，耐久性好，但制作费用较高；混凝土驳岸较厚，耐久性较好，但成本较高；石驳岸成本较低，耐久性也较好；木驳岸较容易施工，但耐久性较弱。

护坡的作用主要是减少河道的冲刷力，减少河道的侵蚀，保护河岸滩涂。护坡一般有拱坝、护坡坝、护坡墙等形式，其中拱坝和护坡坝是有效的护坡措施，而护坡墙更加抗冲刷，但建造费用较高。

3.3.16　雨水湿地

3.3.16.1　概念

雨水湿地利用物理、水生植物及微生物等作用净化雨水，是一种高效的径流污染控制设施，雨水湿地分为雨水表流湿地和雨水潜流湿地，一般设计成防渗型以便维持雨水湿地植物所需要的水量。雨水湿地常与湿塘合建并设计一定的调蓄容积。雨水湿地与湿塘的构造相似，一般由进水口、前置塘、沼泽区、出水池、溢流出水口、护坡及驳岸、维护通道等构成。

雨水湿地适用于具有一定空间条件的建筑与小区、城市道路、城市绿地、滨水带等区域。

3.3.16.2　设计要点

雨水湿地应满足以下要求：

（1）进水口和溢流出水口应设置碎石、消能坎等消能设施，防止水流冲刷和侵蚀。

（2）雨水湿地应设置前置塘对径流雨水进行预处理。

（3）沼泽区包括浅沼泽区和深沼泽区，是雨水湿地主要的净化区。浅沼泽区水深范围一般为0～0.3m，深沼泽区水深范围一般为0.3～0.5m，根据水深不同种植不同类型的水生植物。

（4）雨水湿地的调节容积应在24h内排空。

（5）出水池主要起防止沉淀物的再悬浮和降低温度的作用，水深一般为0.8～1.2m，出水池容积约为总容积（不含调节容积）的10%。

3.3.16.3　优缺点

雨水湿地可有效削减污染物，并具有一定的径流总量和峰值流量控制效果，但建设及维护费用较高。

3.3.17 蓄水池

3.3.17.1 概念

蓄水池指具有雨水储存功能的集蓄利用设施，同时也具有削减峰值流量的作用，主要包括钢筋混凝土蓄水池，砖、石砌筑蓄水池及塑料蓄水模块拼装式蓄水池，用地紧张的城市大多采用地下封闭式蓄水池。

蓄水池适用于有雨水回用需求的建筑与小区、城市绿地等。

3.3.17.2 优缺点

蓄水池具有节省占地、雨水管渠易接入、避免阳光直射、防止蚊蝇滋生、储存水量大等优点，雨水可回用于绿化灌溉、冲洗路面和车辆等，但建设费用高，后期需重视维护管理。

3.4 建筑与小区

3.4.1 设计要点

3.4.1.1 设计思路

建筑与小区作为城市占地最多的功能区域，是海绵城市源头减排的重点，应作为雨水“渗、滞、蓄、净、用”的主体，实现源头水量和水质的控制。建筑与小区设计一般流程如图 3.2 所示。

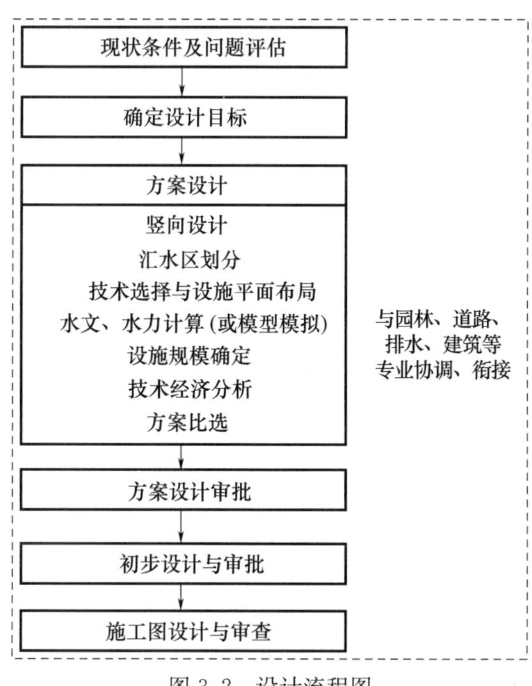

图 3.2 设计流程图

(1) 低影响开发雨水系统的设计目标应满足国土空间总体规划、专项规划等相关规划提出的低影响开发控制目标与指标要求，并结合气候、土壤及土地利用等条件，合理选择单项或组合的以雨水渗透、储存、调节等为主要功能的技术及设施。

(2) 低影响开发设施的规模应根据设计目标，经水文、水力计算得出，有条件的应通过模型模拟对设计方案进行综合评估，并结合技术经济分析确定最优方案。

(3) 低影响开发雨水系统设计的各阶段均应体现低影响开发设施的平面布局、竖向、构造，及其与城市雨水管渠系统和超标雨水径流排放系统的衔接关系等内容。

(4) 低影响开发雨水系统的设计与审查（规划总图审查、方案及施工图审查）应与园林绿化、道路交通、排水、建筑等专业相协调。

3.4.1.2 设施选取

低影响开发设施往往具有补充地下水、集蓄利用、削减峰值流量及净化雨水等多个功能，可实现径流总量、径流峰值和径流污染等多个控制目标。因此，低影响开发设施的选择应结合不同区域水文地质、水资源等特点，建筑密度、绿地率及土地利用布局等条件，并根据城市总体规划、专项规划及详细规划明确的控制目标，结合汇水区特征和设施的主要功能、经济性、适用性、景观效果等因素，选择效益最优的单项设施及其组合系统。组合系统的优化应遵循以下原则：

(1) 组合系统中各设施的适用性应符合场地土壤渗透性、地下水位、地形等特点要求。在土壤渗透性能差、地下水位高、地形较陡的地区，选用渗透设施时应进行必要的技术处理，防止塌陷、地下水污染等次生灾害的发生。

(2) 组合系统中各设施的主要功能应与规划控制目标相对应。缺水地区以雨水资源化利用为主要目标时，可优先选用以雨水集蓄利用为主要功能的雨水储存设施；内涝风险严重的地区以径流峰值控制为主要目标时，可优先选用峰值削减效果较优的雨水储存和调节等技术；水资源较丰富的地区以径流污染控制和径流峰值控制为主要目标时，可优先选用雨水净化和峰值削减功能较优的雨水截污净化、渗透和调节等技术。

另外，各类用地中低影响开发设施的选用应根据不同类型用地的功能、用地构成、土地利用布局、水文地质等特点进行，可参照表 3.5 选用。

表 3.5　各类用地中低影响开发设施选用一览表

技术类型（按主要功能）	单项设施	用地类型			
		建筑与小区	城市道路	绿地与广场	城市水系
渗透技术	透水砖铺装	●	●	●	◎
	透水水泥混凝土	◎	◎	◎	◎
	透水沥青混凝土	◎	◎	◎	◎
	绿色屋顶	●	○	○	○
	下沉式绿地	●	●	●	◎
	简易型生物滞留设施	●	●	●	◎
	复杂型生物滞留设施	●	●	◎	◎
	渗透塘	●	◎	●	○
	渗井	●	◎	●	○

续表

技术类型（按主要功能）	单项设施	用地类型			
		建筑与小区	城市道路	绿地与广场	城市水系
储存技术	湿塘	●	◎	●	●
	雨水湿地	●	●	●	●
	蓄水池	◎	○	◎	○
	雨水罐	●	○	●	○
调节技术	调节塘	●	◎	●	◎
	调节池	◎	◎	◎	○
转输技术	转输型植草沟	●	●	●	◎
	干式植草沟	●	●	●	◎
	湿式植草沟	●	●	●	◎
	渗管/渠	●	●	●	○
截污净化技术	植被缓冲带	●	●	●	●
	初期雨水弃流设施	●	◎	◎	○
	人工土壤渗滤	◎	○	◎	◎

注：●—宜选用，◎—可选用，○—不宜选用。

建设海绵型建筑与小区，应因地制宜，采取屋面雨水立管断接、屋顶绿化、透水地面、雨水调蓄与收集利用、植草沟等措施，减少硬化率，提高建筑与小区的雨水积存和蓄滞能力。建筑与小区源头减排系统图见图 3.3。

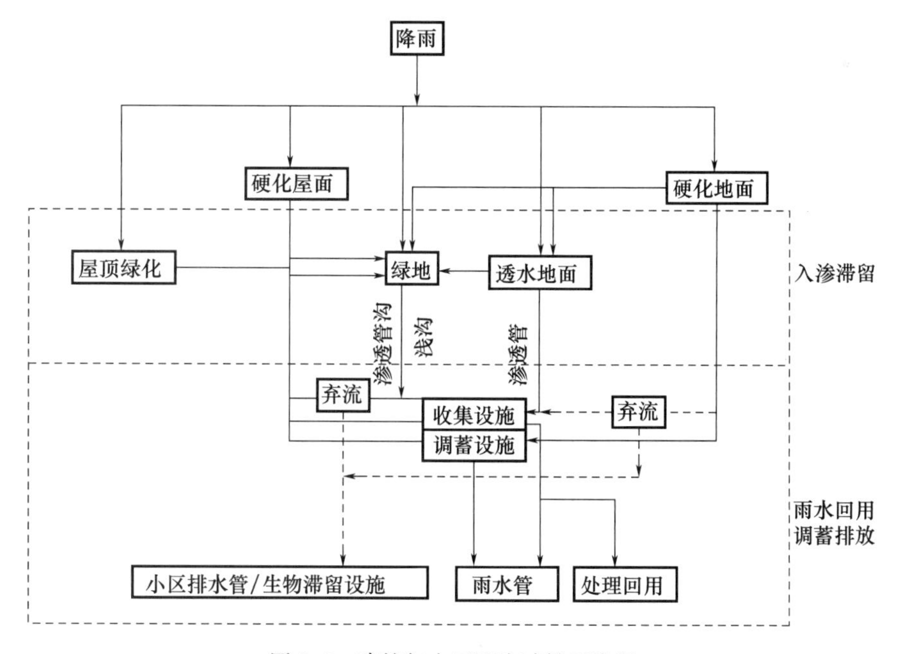

图 3.3 建筑与小区源头减排系统图

3.4.2 设计方法

3.4.2.1 现状条件、问题评估及确立设计目标

1. 现状分析与问题评估

分析海绵城市建设现状，梳理海绵城市建设当前存在的主要问题、拟解决的重点问题，以及海绵城市建设的需求，具体包括：

（1）海绵城市建设的现状，包括城市的低影响开发道路、雨水收集利用、绿色屋顶、下沉式绿地、雨水湿地等现有设施和用地的空间分布情况。

（2）地块中主要的雨水易涝区域空间分布情况，包括滞洪区、低洼区域、地质灾害易发区、特殊污染源地区等区域。

（3）影响海绵城市相关设施建设的现状情况，包括地形、地貌、土壤空间分布、土壤渗透能力空间分布、地下水水位的分布、地下水位下降、降雨分区等。

（4）城市雨水管渠系统建设的现状，包括工程设计标准、排水分区，以及相应的设施布局等。

（5）城市超标雨水径流排放系统的现状，包括现有的河流、坑塘、沟渠、溢洪道、地下管涵、隧道等。

（6）城市多年降雨量与径流情况，包括城市多年平均降雨量（不少于30年）、降雨场次和降雨总量之间的对应关系，及城市多年径流总量控制率和降雨量之间的关系等。

（7）海绵城市建设需求。从城市现状的水生态、水资源、水环境、水安全等方面分析海绵城市建设需求。

（8）校核海绵城市相关指标，尤其是城市透水面积比例、绿地率、水域面积率、天然水面保持率、年径流总量控制率、城市内河水水质目标等，纳入国土空间规划的指标体系，并根据城市发展目标，分别提出各类指标近、中、远期目标值。

2. 确立设计目标

（1）规划目标

从水生态、水环境、水安全、水资源4个方面提出海绵城市规划目标。源头、中途、末端3个阶段的目标各有侧重，形成有机统一的整体：源头侧重年径流总量控制，中途侧重径流峰值控制，末端侧重径流污染控制、雨洪资源化利用。

（2）水生态规划目标

主要结合降雨量和类型、土壤类型、地下水位情况、城市发展目标等，并参考我国大陆地区年径流总量控制率分区图，确定水生态控制目标。

（3）水环境规划目标

主要结合城市水环境质量要求、径流污染特征、雨水面源污染特征等，确定水环境控制目标。

（4）水资源规划目标

主要结合地下水位稳定程度、雨水收集、雨污水再利用、中水处理等，确定雨水资源再利用目标，缓解水资源短缺问题。

（5）水安全规划目标

主要结合城市竖向、内涝灾害易发点、主要排水防涝和防洪设施分布等情况，控制城市内涝灾害，确定水安全规划目标。

3.4.2.2 竖向设计及平面布局与设计

1. 竖向设计

（1）场地的竖向应尊重原有地形地貌地质，不宜改变原有排水方向。

（2）对包含建筑、道路、绿地等场地进行竖向设计时，应兼顾雨水的重力流原则并尽量利用原有的竖向高差条件组织雨水流程，将雨水径流自高处的建筑屋顶经逐级降低的绿地系统汇入低处可消纳径流雨水的低影响开发设施。

（3）在竖向规划设计中，对最终确定竖向的低洼区域应着重明确最低点标高、降雨蓄水范围、蓄水深度及超标雨水排水出路。

2. 平面布局与设计

（1）在考虑地形、地貌、地质、景观、建设现状等因素的基础上，设计屋顶、道路、绿地、水系等的径流路径，落实地块年径流总量控制率、绿色屋顶率、不透水面积比例、下沉式绿地率、单位硬化面积雨水控制容积等控制指标，合理布局室内外空间，开展环境设计。

（2）平面布局设计中应尽可能保留天然水面、坑塘、湿地等自然空间，规划人工景观水体时优先选择现状高程低洼区。各水体应系统布置，并应与城市河湖水系相联系，形成互为补充的整体。

（3）在平面布置具体的低影响开发设施及常规雨水管渠系统，通过模拟分析校核详细规划提出的年径流总量控制率目标。

（4）平面布局中应明确工程型低影响开发设施的位置、占地和规模等内容。

（5）尽可能保留天然水面，控制坑塘、湿地等自然空间。

（6）校核详细规划提出的年径流总量控制率目标。

（7）为拟布局的工程型低影响开发设施预留空间。

（8）尽可能用透水场地切割不透水场地，优化硬化地面与绿地空间布局。

（9）限制地下空间的过度开发，为雨水回补地下水提供渗透路径；开发地下空间的，地下室顶板上覆土深度宜大于1m，并应布置蓄排水层，强化调蓄、缓释功能。

（10）对于居住区、商业区、工业区等非单一地块，应整体考虑平面布局，海绵城市控制目标和指标可在多个地块之间平衡与落实。

3.4.2.3 低影响开发技术选择

低影响开发技术按主要功能一般可分为渗透、储存、调节、转输、截污净化等几类。通过各类技术的组合应用，可实现径流总量控制、径流峰值控制、径流污染控制、雨水资源化利用等目标。实践中，应结合不同区域水文地质、水资源等特点及技术经济分析，按照因地制宜和经济高效的原则选择低影响开发技术及其组合系统。各类低影响开发技术又包含若干不同形式的低影响开发设施，主要有透水铺装、绿色屋顶、下沉式绿地、生物滞留设施、渗透塘、渗井、湿塘、雨水湿地、蓄水池、雨水罐、调节塘、调节池、植草沟、渗管/渠、植被缓冲带、初期雨水弃流设施、人工土壤渗滤等。小区低影响开发雨水系统典型流程如图 3.4 所示。

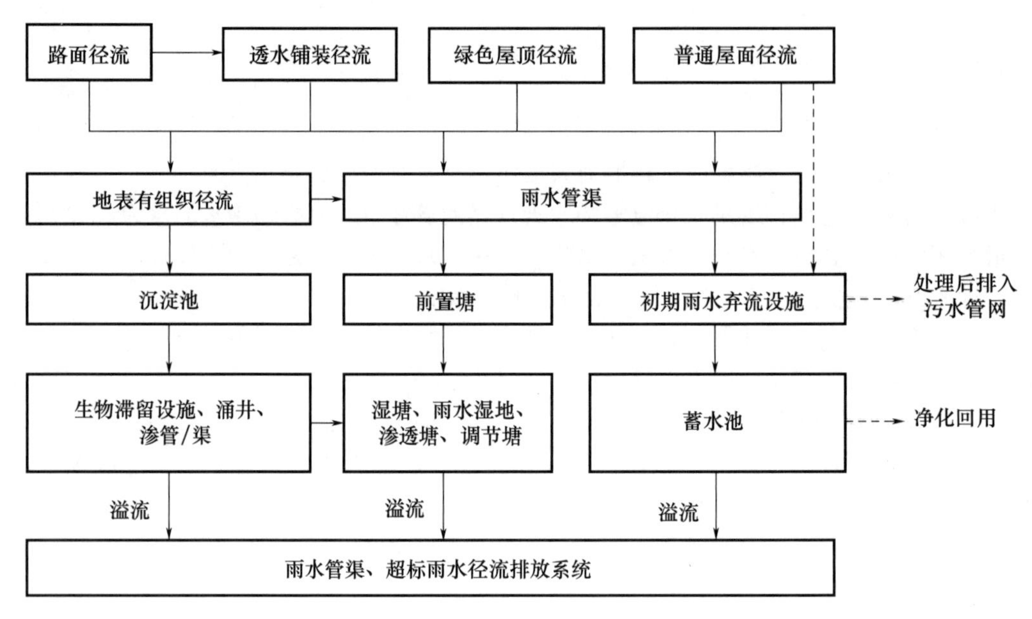

图 3.4　小区低影响开发雨水系统典型流程

低影响开发设施设计要求：

(1) 保护优先，合理利用场地内原有的湿地、坑塘、沟渠等消纳径流雨水。

(2) 可结合绿地、水体增设雨水滞留塘、雨水湿地、渗井、雨水收集池（模块）等工程型设施；其类型、规模宜通过水文、水力计算或模型优化确定，做到因地制宜、经济有效、方便易行。

(3) 结合水体进行调蓄时，应将雨水处理与景观相结合，并根据降雨规律、水面蒸发量、雨水回用量等综合确定景观水体的规模。

(4) 编制单一小地块或城市更新地区的实施方案时，因受空间限制等原因不能满足控制目标的，可与区域低影响开发设施布局相协调，通过城市雨水管渠系统，引入区域性的低影响开发设施进行控制。

(5) 低影响开发设施的设置在满足基本功能的基础上，应注重设施的景观设计，加强设施的维护和管理，并采取适当措施增强设施的安全性和教育性。

(6) 统计低影响开发设施的工程量，并估算造价和效益。

(7) 明确需要落实到绿地、公共空间等区域的非独立占地的低影响开发设施要求和要点，并衔接相关专业，进一步指导下一层次工程设计。

在满足控制目标的前提下，组合系统中各设施的总投资成本宜最低，并综合考虑设施的环境效益和社会效益，当场地条件允许时，优先选用成本较低且景观效果较优的设施。有条件的应通过模型模拟对设计方案进行综合评估，并结合技术经济分析确定最优方案。另外，低影响开发雨水系统的设计与审查（规划总图审查、方案及施工图审查）应与园林绿化、道路交通、排水、建筑等专业相协调。

3.4.2.4 主要控制指标复核

明确主要经济技术指标，除原有用地面积、建筑面积、容积率、建筑密度（平均层数）、绿地率、建筑高度、住宅建筑总面积、停车位数量、居住人口等指标外，还应落实分解地块年径流总量控制率、地块不透水面积比例、地块生态岸线要求、地块水环境质量、地块污水再生利用率、排水管渠标准和设施、内涝防治标准和设施、防洪标准和设施等海绵城市强制性指标，因地制宜落实下沉式绿地率、绿色屋顶率、单位硬化面积雨水控制容积、地块初期雨水控制容积、地块雨水收集回用率、老旧公共供水管网改造完成率等引导性指标。在初步方案确定后，应运用模型分析和评价的手段，进一步复核和优化上述控制指标。

3.4.2.5 成果表达

系统化实施方案的成果一般包括规划说明书、图纸。

(1) 在说明书中，应在上位海绵城市规划要求内容的基础上，分别在现状分析、规划设计方案、场地竖向、道路交通、绿地、给排水等章节深化阐述海绵城市的相关内容；同时增加地块海绵城市规划指标复核、低影响开发设施设计的相关章节，详细说明径流控制目标，实现径流控制目标的低影响开发设施的类型、规模以及布局等内容，并应采用模型模拟软件建立规划系统模型进行模拟分析以验证目标的落实。

(2) 在图纸中，除符合系统化实施方案法定内容外，应在现状图、规划总平面图、道路交通规划图、用地竖向规划图、单项或综合工程管线规划图等图纸中落实海绵城市的相关内容，增加海绵城市相关设施的图示表达。根据需要增加场地汇水路径图、低影响开发设施规划布局图等图纸。

3.4.3 案例一

以某小区改造工程为例，对海绵城市在建筑与小区中的应用解析如下。

3.4.3.1 项目概况

某小区改造工程建设地点位于青岛市海绵城市建设管控分区 17 号分区，是本次海绵城市改造项目的样板区之一，总面积约 11262m^2，改造前主要问题为径流量大，改造工程投资 730 万元，属于市政基础设施建设重点片区非 PPP 项目。该项目为该区海绵改造公建样板项目，创新性地应用了各项海绵措施，其建设的成功经验对后期青岛市海绵城市建设的顺利推进起到重大的示范意义。自工程完工至今，项目每年接待全国各地考察团队 10 余次，成为全国海绵城市建设的标杆。

3.4.3.2 设计目标

(1) 本工程位于 17 号管控分区，根据模型预测，本地块应达到强制性指标如下：

①年径流总量控制率达到 80%，对应设计降雨量 33.5mm，总调蓄容积 211m^3。

②径流污染控制率（以 SS 计）达到 65%。

（2）在小尺度空间中将海绵城市理念通过景观设计手法进行落实，打造小而精项目。

（3）LID设施解决雨水问题，景观设计手法提高居民生活品质。

（4）与业主、水务、居民进行多方面沟通与协调，保证满意度与认可。

（5）从设计到施工的全程把控，保证建成效果和项目的示范效应。

3.4.3.3　海绵措施

设计根据“源头控制、过程处理、末端收集”的海绵策略进行设计，通过对绿地、交通及停车场地、铺装活动场地、建筑屋面、雨水管网等几大界面改造，使区域内几大界面有机结合起来，完成对园区内的径流、污染总量控制，达到海绵城市对雨水进行“渗、滞、蓄、净、用、排”的要求。

设计通过对现状下垫面进行改造，包括绿地、水体、车行道铺装、铺装活动场地、建筑屋面、雨水管网等几大界面，采取低影响开发措施，使改造后几大界面有机结合起来，完成对区域内的径流污染、径流总量控制，满足本地块海绵城市规划指标要求。

改造植草沟、下沉式绿地、生物滞留设施面积为600m²，改造透水车行道2244m²，改造透水铺装面积为2159m²，建筑屋面改造1840m²（其中包括雨落管雨水收集面积约为1095m²，屋顶花园745m²）。此外，还包括绿化景观提升、路缘石更换及公用设施的完善等。具体详见海绵措施总体布局见图3.5。

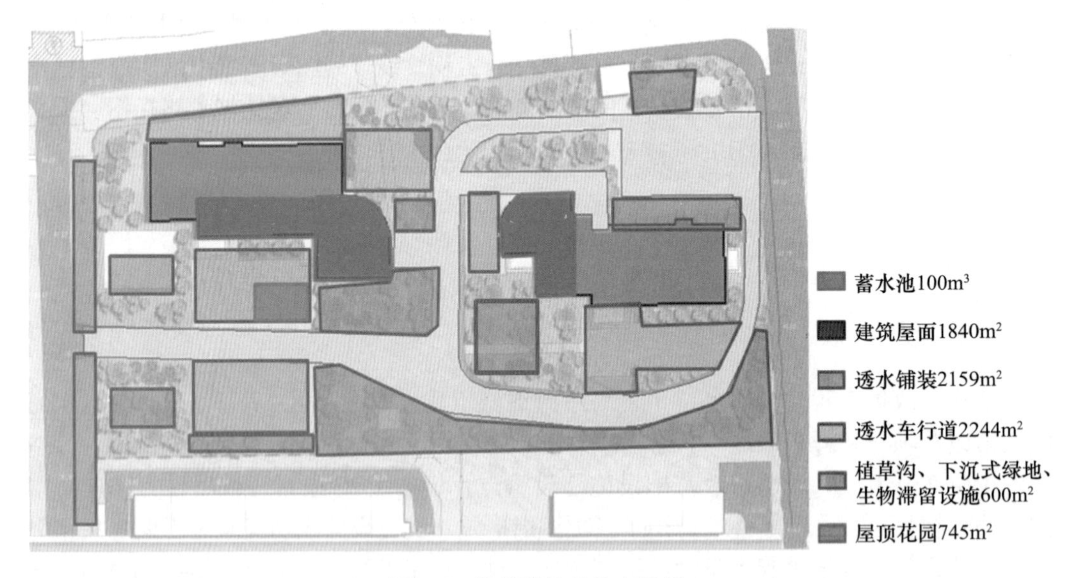

图3.5　海绵措施总体布局图

（1）绿地

场地内利用现有绿地，设置下沉式绿地对雨水进行截留、蓄存、下渗、净化。本次共改造植草沟、下沉式绿地、生物滞留设施面积为600m²。下沉式绿地分布图与示意图如图3.6、图3.7所示。

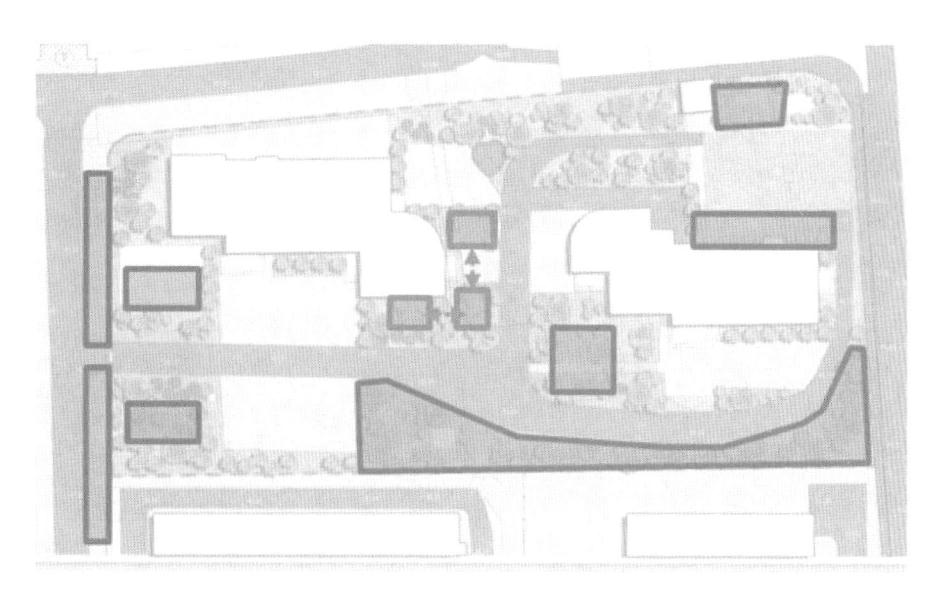

图 3.6 下沉式绿地分布图

图 3.7 下沉式绿地改造示意图

（2）车行道

对现状车行道进行翻建，道路采用透水路面做法，将道路雨水更多地排入两侧绿地。本次对场地内的不透水混凝土车行道进行全部改造，面积共计 2244m^2。改造路面分布图如图 3.8 所示。

（3）铺装场地

本处所指铺装场地，主要指现状砖铺停车位铺装、活动场地铺装以及建筑入口铺装。现状铺装材料主要为砖材湿铺，不透水。本次铺装改造总面积共计 2159m^2。改造铺装活动场地分布图与铺装改造材料意向图如图 3.9、图 3.10 所示。

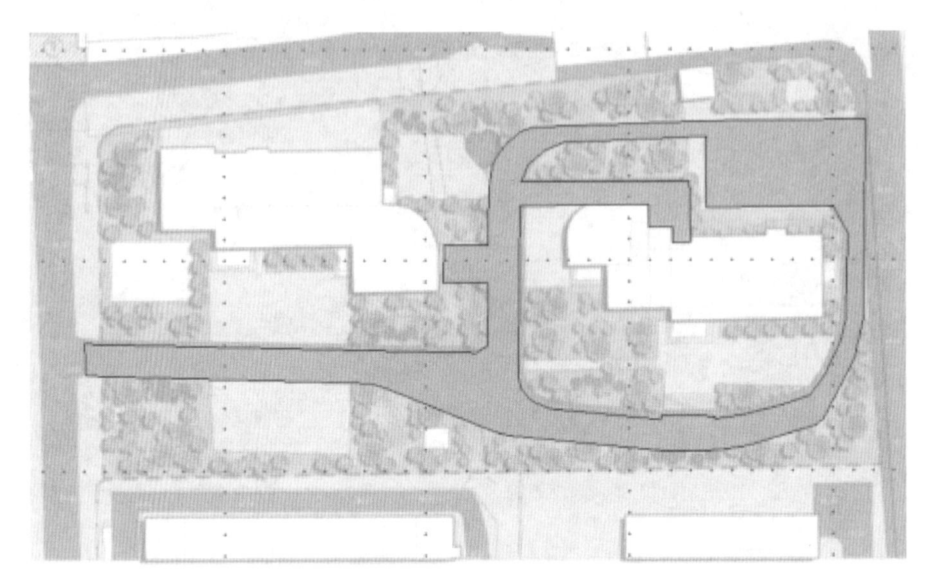

图 3.8　改造路面分布图

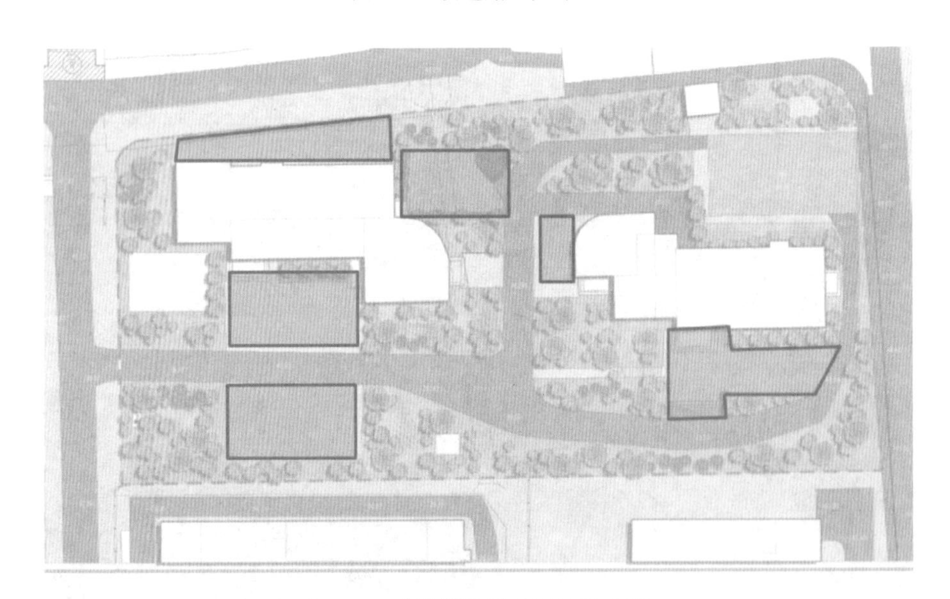

图 3.9　改造铺装活动场地分布图

图 3.10　铺装改造材料意向图

（4）建筑屋面

通过对该小区现状建筑雨落管调查发现，现状建筑雨落管排水为直接入、地接入地下雨水管道排出。对建筑屋面主要通过渗、蓄、滞、净等方面进行改造。本工程建筑屋面改造采用两种处理方式：屋顶花园及建筑雨落管断接处理。建筑屋面改造示意图与屋顶花园及雨落管断接示意图如图 3.11、图 3.12 所示。

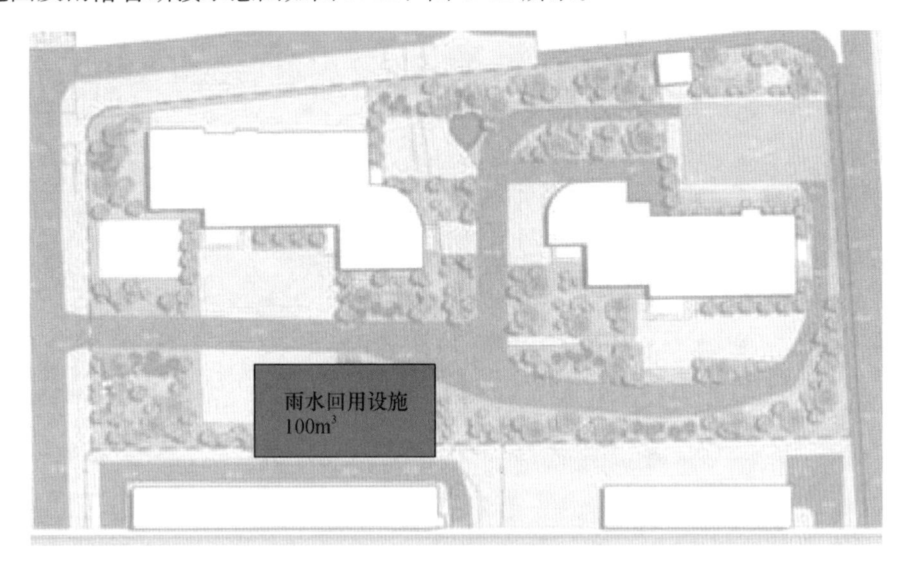

图 3.11 建筑屋面改造示意图

图 3.12 屋顶花园及雨落管断接示意图

（5）雨水收集回用设施设计

雨水经市政管网收集后，先进入预处理系统处理后，进入雨水蓄水系统，雨水蓄水系统采用 PP 模块组合水池，通过一体化处理模块（含提升泵）处理后，提升至雨水回用系统，供道路及绿化浇洒。雨水收集回用设施平面位置示意图与工艺流程如图 3.13、图 3.14 所示。

3.4.3.4 指标核算

低影响开发技术按主要功能一般可分为渗透、储存、调节、转输、截污净化等几类。通过各类技术的组合应用，可实现径流总量控制、径流峰值控制、径流污染控制、雨水资源化利用等目标。本工程中主要采用透水铺装、植草沟、生物滞留设施等低影响开发（LID）措施。改造后年径流总量控制率和 SS 总控制率均高于规划强制性指标，满足海绵城市建设指标。

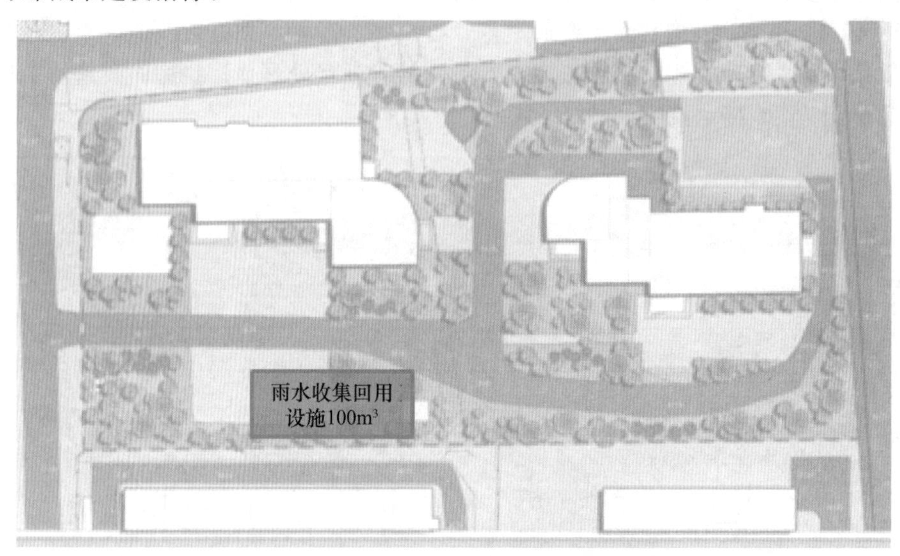

图 3.13　雨水收集回用设施平面位置示意图

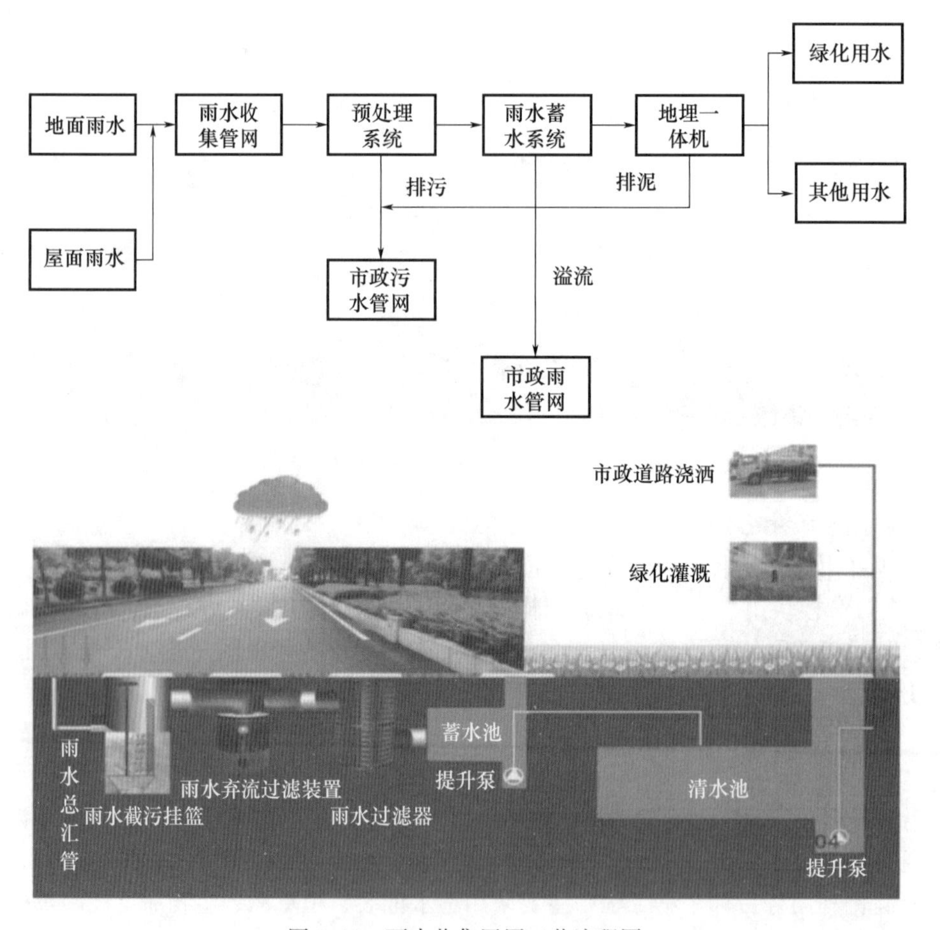

图 3.14　雨水收集回用工艺流程图

改造植草沟、下沉式绿地、生物滞留设施面积为600m²，改造透水车行道2244m²，改造透水铺装面积为2159m²，建筑屋面改造1840m²（其中包括雨落管雨水收集面积约为1095m²，屋顶花园745m²）。此外，还包括绿化景观提升、路缘石更换及公用设施的完善等。相关数据见表3.6、表3.7。

表3.6 LID措施规模计算

LID措施	面积（m²）	平均下凹深度（m）	径流系数	储水量（m³）
雨水花园	600	0.2	0.15	60（有效容积）
透水铺装	2244	—	0.55	—
透水路面	2159	—	0.45	—
雨水桶	—	—	—	30
屋顶花园	745	—	0.40	—
雨水回用模块（兼蓄水）	—	—	—	100
总计				190

表3.7 改造后指标计算

名称	年径流总量控制率（%）	SS总控制率（%）	透水铺装率（%）	下沉式绿地率（%）	调蓄容积（m³）
规划指标	80	65	46	46	—
现状指标	44	35.8	0	0	
改造后指标	86.4	65	100	11.9	190

经改造后，下垫面径流系数为0.38，根据改造总调蓄容积，反算设计降雨量，得出经低影响开发措施改造后，本地块设计降雨量为44.8mm，根据青岛市设计降雨量与年径流总量控制率指标表得出，改造后年径流总量控制率为86.4%，高于规划指标。

本工程现状雨水暗渠西侧雨水管网结合下一阶段所提供物探资料进行改造，将其接入雨水回用模块中；同时在现状雨水暗渠内新设一根DN300雨水管，将雨水暗渠内一部分雨水接入雨水回用模块中。

3.4.3.5 项目特色

（1）首次采用SWMM模型进行海绵设计

首次将SWMM模型与实际项目结合，集合水力模块和水质模块，对区域的绿色屋顶、生物滞留设施、雨水花园、植草沟等LID措施的地面径流量、峰值流量及径流污染控制效果进行模拟，对本次海绵改造的成效进行预判，为青岛地区同类型工程检验模式提供新思路。

（2）首次应用智能化平台监测流量

首次将智能化信息平台引入青岛，搭建“分层—分区—分类”在线监测网络，可对示范区雨量、温度、液位、流量及水质等数据进行记录，并同步发送至信息平台进行展示，为海绵城市设施的建设效果、运行维护提供数据支撑，为考核提供客观依据。

(3) 首例半透水沥青路面控制径流

综合考虑本工程作为示范项目以及园区车行路轻荷载特点，引入透水沥青作为展示实验段。通过透水沥青路面降雨，减少路面径流。实现“小雨不积水、大雨不内涝”的改造效果，为透水沥青在青岛地区的应用提供了实践应用支持。

(4) 首次使用复合型蓄水模块

项目结合蓄水池设置自动喷灌设施，实现雨水的有效回用，减少内部绿化养护成本；将现状地下水积水塘的溢水口与蓄水池相连，规避地下水满溢后对附近建筑产生不利影响；将蓄水池的设计与上层停车需求有机结合，对雨水模块支撑结构进行改良，消除了安全隐患。

(5) 首次探索模块化绿化屋顶

设计充分考虑老旧屋顶承重弱、排水差的问题，创新应用了模块化设计，不影响原有屋顶结构，且轻质土壤的使用减轻了承载力。本次工程通过种植模块无缝拼装组合后相互连通的方式形成“导管”，雨水经过上层植物过滤和土壤下渗作用，汇入“导管”后进入下一级海绵设施进行处理。“模块化”屋顶花园施工工艺简单、工期短、造价低，为青岛市老旧屋顶改造提供了新方向。

(6) 首创海绵设施艺术化表达

雨水路径、台地、低维护植物、新型材料是本次雨水花园的 4 个显著特征，设计避免了直接下凹、景观效果差等问题，达到了完美的景观效果。钢板硬朗的线条感与水的柔美相配合，刚柔并济，凸显台地层次。低影响、低成本、低维护的三低景观处处体现于花园之中，形成可观、可玩、可用的生态空间。

(7) 首次尝试收集建筑雨水

本工程首次将雨水罐应用于青岛，结合现状建筑雨落管设置雨水罐，在雨水罐中设置净化分流器，屋面雨水经沉砂弃流后流入罐内储存，通过雨水罐底部的取水口实现了净水回用。

(8) 首个海绵科普系统宣传项目

全园结合海绵设施设置了完善的标识系统，展示了海绵设施的技术应用和原理。标识系统的设计在色彩和样式上与水文化主题相呼应，讲述着一个个海绵的故事。同时系统引入网络技术，便于通过信息化手段对海绵知识进行宣传与推广，参观者可以通过二维码了解更多海绵知识与文化，并可与朋友分享。

3.5 城市道路

3.5.1 设计要点

城市道路径流雨水应通过有组织的汇流与转输，经截污等预处理后引入道路红线内、外绿地内，并通过设置在绿地内的以雨水渗透、储存、调节等为主要功能的低影响开发设施进行处理。低影响开发设施的选择应因地制宜、经济有效、方便易行，如结合道路绿化带和道路红线外绿地优先设计下沉式绿地、生物滞留带、雨水湿地等。城市道路低影响开发雨水系统典型流程如图 3.15 所示。

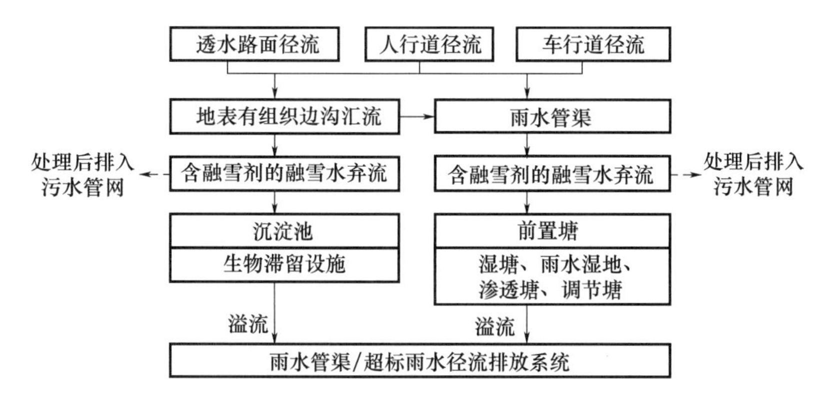

图 3.15 城市道路低影响开发雨水系统典型流程

（1）城市道路应在满足道路基本功能的前提下达到相关规划提出的低影响开发控制目标与指标要求。为保障城市交通安全，在低影响开发设施的建设区域，城市雨水管渠和泵站的设计重现期、径流系数等设计参数应按《室外排水设计标准》（GB 50014—2021）中的相关标准执行。

（2）道路人行道宜采用透水铺装，非机动车道和机动车道可采用透水沥青路面或透水水泥混凝土路面，透水铺装设计应满足国家有关标准规范的要求。

（3）道路横断面设计应优化道路横坡坡向、路面与道路绿化带及周边绿地的竖向关系等，便于径流雨水汇入低影响开发设施。

（4）规划作为超标雨水径流行泄通道的城市道路，其断面及竖向设计应满足相应的设计要求，并与区域整体内涝防治系统相衔接。

（5）路面排水宜采用生态排水的方式，也可利用道路及周边公共用地的地下空间设计调蓄设施。路面雨水宜首先汇入道路红线内绿化带，当红线内绿地空间不足时，可由政府主管部门协调，将道路雨水引入道路红线外城市绿地内的低影响开发设施进行消纳。当红线内绿地空间充足时，也可利用红线内低影响开发设施消纳红线外空间的径流雨水。低影响开发设施应通过溢流排放系统与城市雨水管渠系统相衔接，保证上下游排水系统的顺畅。

（6）城市道路绿化带内低影响开发设施应采取必要的防渗措施，防止径流雨水下渗对道路路面及路基的强度和稳定性造成破坏。

（7）城市道路经过或穿越水源保护区时，应在道路两侧或雨水管渠下游设计雨水应急处理及储存设施。雨水应急处理及储存设施的设置，应具有截污与防止事故情况下泄漏的有毒有害化学物质进入水源保护地的功能，可采用地上式或地下式。

（8）道路径流雨水进入道路红线外绿地内的低影响开发设施前，应利用沉淀池、前置塘等对进入绿地内的径流雨水进行预处理，防止径流雨水对绿地环境造成破坏。有降雪的城市还应采取措施对含融雪剂的融雪水进行弃流，弃流的融雪水宜经处理（如沉淀等）后排入市政污水管网。

（9）低影响开发设施内植物宜根据水分条件、径流雨水水质等进行选择，宜选择耐盐、耐淹、耐污等能力较强的乡土植物。

（10）城市道路低影响开发雨水系统的设计应满足《城市道路工程设计规范》（CJJ 37—2012）中的相关要求。

3.5.2 设计方法

3.5.2.1 道路雨水入渗

1. 车行道

（1）对新建、扩建、改建的城市道路工程、小区道路工程、室外工程、园林工程中的轻荷载道路、广场和停车场等，可在综合考虑地形条件、景观要求、荷载状况、施工条件等因素基础上，合理选择和应用透水沥青混凝土和透水水泥混凝土。

（2）透水路面应确保安全第一的原则，对于交通等级较大道路应慎重采用。

（3）对于常规不透水路面，应通过系统设计和建设，尽可能将雨水渗流或引入道路绿化带设施内集中入渗。

（4）车行道路面结构应达到整体强度的要求，满足抗压、抗弯拉及平整度、抗滑要求。

（5）透水路面结构应便于施工、利于养护，并减少对周边环境及生态的影响。

2. 人行道

（1）人行道设计应与周边绿化带、管线设施等统筹考虑，以满足海绵城市建设要求，力求最大限度地实现雨水的蓄渗和利用。

（2）人行道设计应优先采用透水、透气生态环保铺地形式。对经论证因条件受限，确需采用弱透水性铺装和不透水性铺装的人行道，应结合其他辅助入渗措施完善道路雨水吸纳、蓄渗及利用。

（3）人行道在施工过程中应注意留缝、铺砂等施工技术及施工细节，在不影响正常使用功能的前提下尽量实现生态性要求。

（4）人行道土基设计在土基渗透性较差的区域应在土基中加设渗排水系统，并应注意管理维护，避免堵塞。

（5）人行道设计应满足国家相关标准、规范的规定。

3. 景观绿化

（1）内容包括道路红线范围内的行道树绿带、分车绿带（中间分车绿带、两侧分车绿带）及交通岛绿地。

（2）城市道路绿化应充分发挥绿地自身渗透、调蓄、净化雨水的作用，并与城市雨水管渠系统、超标雨水径流排放系统相衔接，综合采取“渗、滞、蓄、净、用、排”等措施，共同促进雨水资源的利用和生态环境的保护。

（3）绿地内宜根据地势设置下沉式绿地，下沉式绿地率不宜低于50%。

（4）绿地内表层土壤入渗能力不够时，可增设人工渗透设施。渗透设施宜根据汇水面积、绿地地形、土壤质地等因素选用。

（5）城市道路绿化带内植物宜根据水分条件、径流雨水水质等进行选择，宜选择耐盐、耐淹、耐污等能力较强的乡土植物。

（6）城市道路绿化景观设计除满足相关要求外，还应符合国家相关标准、规范的规定。

3.5.2.2 雨水收集回用设施

（1）雨水收集回用系统的设置应与城市道路管线综合规划、统筹考虑，在适当位置一并设置。

（2）雨水收集回用系统应设收集、截污、储存、处理与回用等设施。

（3）雨水收集回用系统的汇流面选择，应满足下列原则：

①应选择无污染或污染较轻的汇流面；

②应避开垃圾堆、工业污染地等污染源；

③当不同汇流面的雨水径流水质差异较大时，应分别收集与储存。

（4）雨水收集回用系统规模应进行水量平衡分析，管道水力计算和设计应符合现行国家标准《室外排水设计标准》（GB 50014—2021）的相关规定。

（5）雨水收集回用系统的设施规模根据下列条件确定：

①可收集的雨量；

②回用水量、回用水用水时间与雨季降雨规律的吻合程度及回用水的水质要求；

③水量平衡分析；

④经济合理性。

（6）市政工程场站收集的雨水，经适当处理后宜用于绿化灌溉及冲洗路面，相应处理后的雨水水质指标应符合国家现行相关标准规定。

（7）收集雨水及其回用水管道严禁与市政给水及生活饮用水管道相连接，防止误饮、误用。

（8）雨水回用水管应加标识。

3.5.2.3 调蓄设施

（1）需要控制面源污染、削减排水管道峰值流量、防止地面积水时，宜设置雨水调蓄设施。

（2）雨水调蓄设施的设置，应符合下列要求：

①优先选用天然洼地、湿地、河道、池塘、景观水体，鉴于市政道路具备以上条件的情况不多，必要时可建人工调蓄设施或利用雨水管渠进行调蓄；

②应与周围地形、地貌和景观相协调；

③应有安全防护措施。

（3）雨水调蓄池的设计，应符合下列要求：

①需设置进水管、排空设施、溢流管、弃流装置、集水坑、检修孔、通气孔及水位监控装置；

②宜布置在区域雨水排放系统的中游、下游；

③有良好的工程地质条件。

（4）与道路排水系统结合设计的雨水调蓄设施，应保证上下游排水系统的顺畅。

（5）调蓄设施的调蓄容积及调蓄控制需按区域降雨、地表径流系数、地形条件、周边雨水排放系统综合考虑确定。

3.5.3 案例一

以某山体配套海绵道路工程为例，对海绵城市在城市道路中的应用解析如下。

3.5.3.1 工程概况

该山体位于青岛市主城区之一，业主单位提出了打造“宜业宜居宜身宜心的创新型花园式中心城区”的目标。该山体配套海绵道路工程敷设于某森林公园南侧外围，规划为城市支路，道路红线宽度为 12m，全长约 1321m。

道路设计横断面如图 3.16 所示。

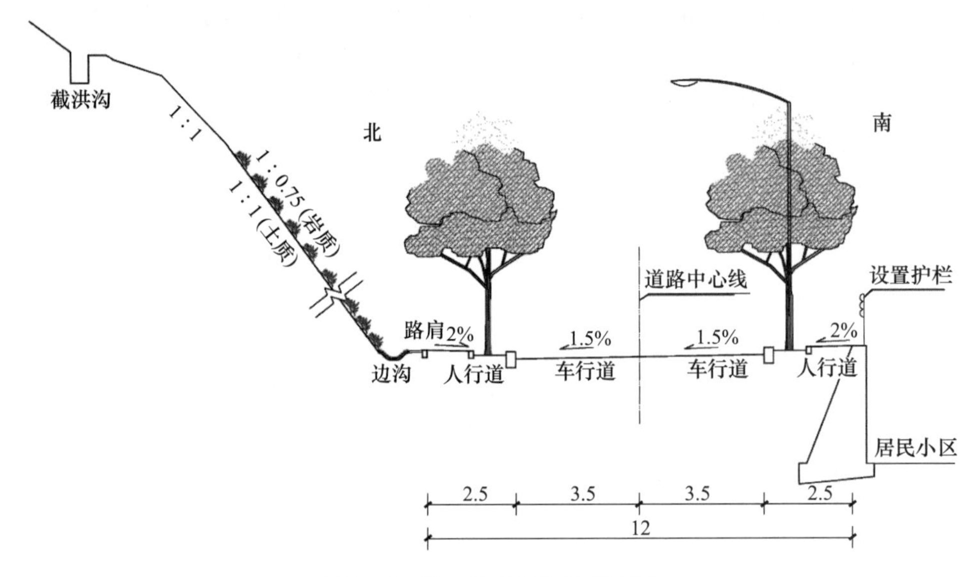

图 3.16 某山体道路设计横断面

3.5.3.2 工程建设条件

（1）区域气象

地处北温带湿润性气候区域，受海洋环境直接调节和季风影响，主要呈海洋性气候特征，空气湿润，雨量充沛，温度适中，四季分明。气温较为温和，年平均气温在 12℃左右，四季基本特点是“春迟、夏凉、秋暖、冬温”。春季气候温暖、多风、频雾、少雨。夏季东南季风裹大量暖湿空气自海洋而来，造成雨热同季、气候凉爽。秋季云淡雨少，凉暖适中，仲秋之后，寒潮频临，北风渐多。冬季多西北季风，气候干燥寒冷，但寒冷程度较内陆轻得多。

该区气象状况丰富多样。雨季从 5 月初到 9 月底，在年降水量方面，年内降雨高度集中在 6～9 月，7 月份最为多雨，平均降水量为 268.4mm，最少降水量发生在 1 月份，平均降水量仅有 9.2mm。区域降雨特点对植物生长有一定的限制作用，因此在建设海绵城市过程中，对低影响开发措施及植物种植选择有一定程度的影响。

（2）现状下垫面

现状下垫面为裸露地面，小区北侧路段已有路基路面，少量植被，地质为强、中风化岩，现状综合径流系数为0.7。

项目北靠山体，南临小区，山体径流沿地势排放，对下游小区存在山洪冲击风险，项目水安全问题突出。

项目径流来源主要为道路路面及山体径流，其中山体径流经过某公园内海绵设施滞蓄后溢流排放，水环境较好，道路路面雨水受行车等影响，水环境一般。现状为裸露地面，通过地面径流或自然下渗，无水体。

（3）区域规划条件

项目位于某山体公园建设工程的下游，山体径流沿地势排放，承接上游该山体公园海绵设施排水，对下游小区存在山洪冲击风险，承担海绵城市中排水安全的任务；配套道路红线宽度为12m，道路两侧无绿化带，场地狭窄，无合适的蓄水、净水条件，缺少绿化用水需求。因此，本次海绵城市设计主要从水安全角度出发，通过一系列的措施，进行水资源的涵养与疏导，从而达到水环境的改善、水生态的实现及水安全的目的。

根据《青岛市海绵城市专项规划（2016—2030）》，项目位于青岛市海绵城市试点区，管控分区17，规划要求年径流总量控制率为73%。项目属于某山体公园海绵城市系统中的一部分，是对整个公园海绵城市建设的完善。

3.5.3.3 海绵城市设计方案

（1）设计原则及意义

海绵城市建设应统筹低影响开发雨水系统、城市雨水管渠系统及超标雨水径流排放系统。低影响开发雨水系统可以通过对雨水的渗透、储存、调节、转输与截污净化等功能，有效控制径流总量、径流峰值和径流污染。城市雨水管渠系统，即传统排水系统，应与低影响开发雨水系统共同组织径流雨水的收集、转输与排放。超标雨水径流排放系统应对超过雨水管渠系统设计标准的雨水径流，一般通过综合选择自然水体、多功能调蓄水体、行泄通道、调蓄池、深层隧道等自然途径或人工设施处理。以上三个系统并不是孤立的，也没有严格的界限，三者相互补充、相互依存，是海绵城市建设的重要基础元素。

推进海绵城市的建设，加大城市径流雨水源头减排的刚性约束，优先利用自然排水系统，建设生态排水设施，充分发挥城市绿地、道路、水系等对雨水的吸纳、蓄渗和缓释作用，使城市开发建设后的水文特征接近开发前，有效缓解城市内涝、削减城市径流污染负荷、节约水资源、保护和改善城市生态环境，为建设具有自然积存、自然渗透、自然净化功能的海绵城市提供重要保障。

（2）设计下垫面特性

设计道路标准横断面为2.5m（人行道）+7m（车行道）+2.5m（人行道），其中人行道全部采用透水铺装、车行道局部50m采用透水路面试验段结构，考虑到老虎山地质情况，路基多为不透水岩质，本试验段采用透水沥青路面Ⅱ型，防止水进入下基层和路基。路面结构如图3.17所示。

根据配套道路下垫面形式，计算道路综合径流系数，综合径流系数约0.62，年径流总量控制率为33.4%。综合径流系数及径流控制率计算详见表3.8、表3.9。

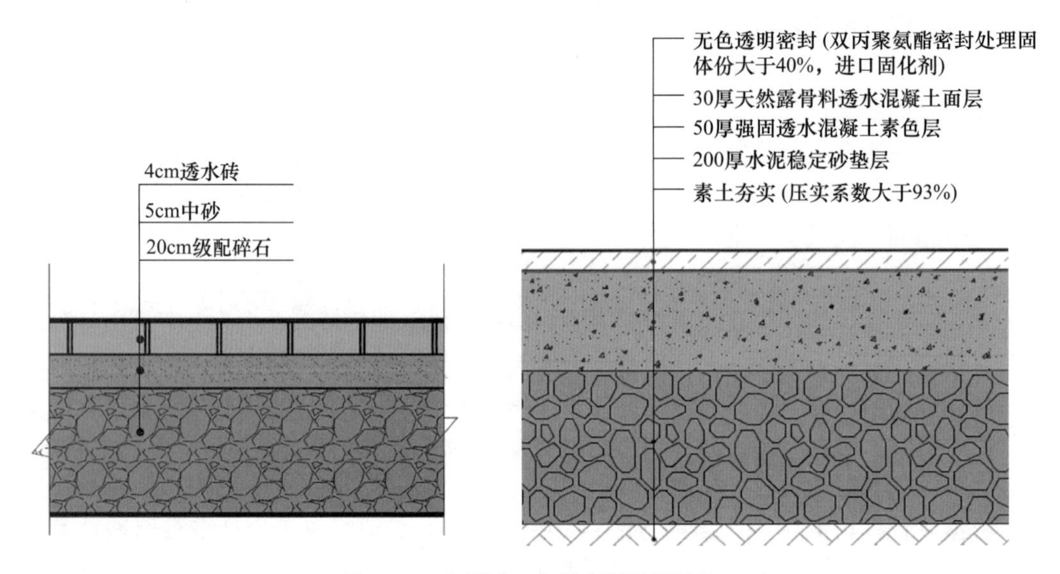

图 3.17　人行道、自行车道路面结构

表 3.8　改造后综合径流系数计算

下垫面	径流系数	面积（m^2）	综合径流系数
车行道	0.85	10724	0.62
人行道透水铺装	0.30	7075	
生态树池	0.15	585	
汇总		18384	

表 3.9　改造后径流控制率计算

下沉面积	下沉深度	调蓄水量	反算控制降雨量	年径流总量控制率
585m^2	0.12m	70.2m^3	6.2mm	33.4%

（3）海绵城市相关设施设计

设计中综合采用了透水铺装、生态树池等海绵城市建设措施。

结合本工程特点，本次海绵城市设计从措施上，主要采用了“渗、滞、蓄、净、用、排”中“渗、滞、排”的策略。

“渗、滞”体现在：其一，人行道采用透水铺装，车行道局部50m采用透水路面试验段。其二，将树池设计为下凹式树池，下凹深度为10～15cm，平均下凹深度12cm，收集缓滞人行道铺装上径流雨水。其三，采用路缘石排水沟取代道路雨水管道及雨水口收集路面雨水，再转输至边沟，适当位置转输至下游雨水管道，延缓排水峰值，实现错峰排放。

“排”体现在：建设雨水管道或边沟，分段转输至下游，保证排水安全。主要有3个作用。首先，承接疏导山体洪水，保护下游小区免受山洪直接冲击；其次，保证道路排水安全，不积水；最后，排除山体公园海绵设施溢流水。

（4）海绵设施

该山体内无上游水源，山体公园建设主要加强对山洪雨水的综合管控，提升山体的生态涵养。基于山体公园的特点，山体海绵设施的建设将对山洪雨水进行截、引、疏、导，采用漫流、缓流、渗溢等工程措施，逐级对雨水径流进行过滤、截留、调蓄、净化，确保山洪雨水少排、慢排、过滤后再排，最终实现雨水径流总量控制率目标及径流污染控制目标。其技术路线见图 3.18。

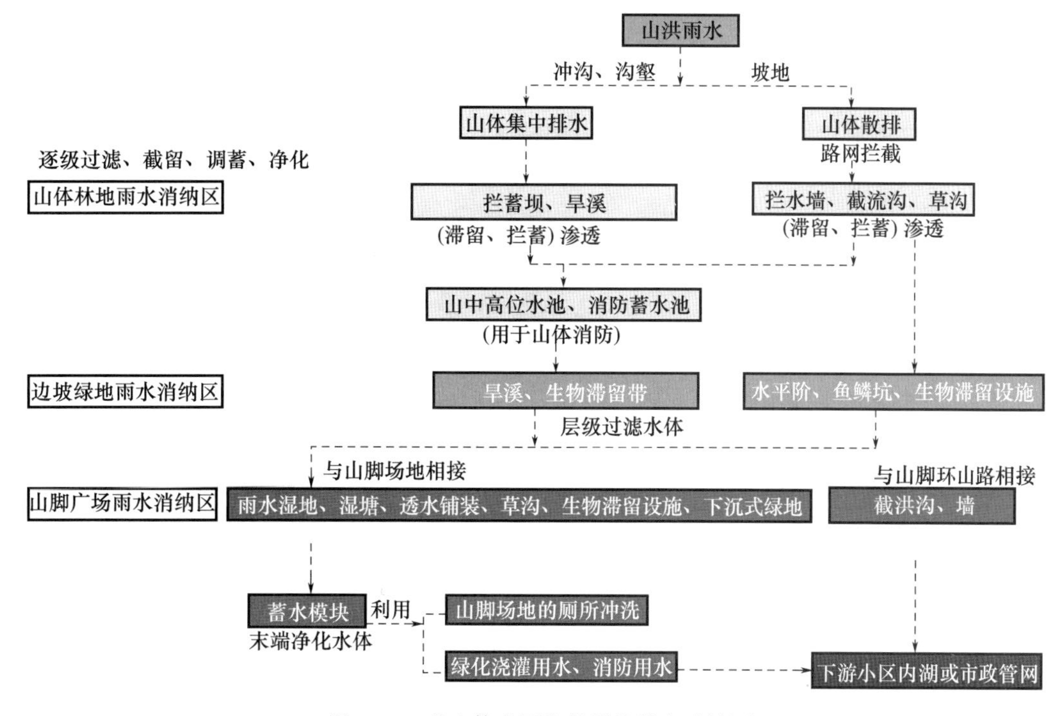

图 3.18 某山体公园海绵设施技术路线图

根据下垫面的不同类型及高程、坡度的数值，将该山体公园海绵城市建设分为山体林地雨水消纳区、边坡绿地雨水消纳区、山脚广场雨水消纳区三部分（图 3.19）。

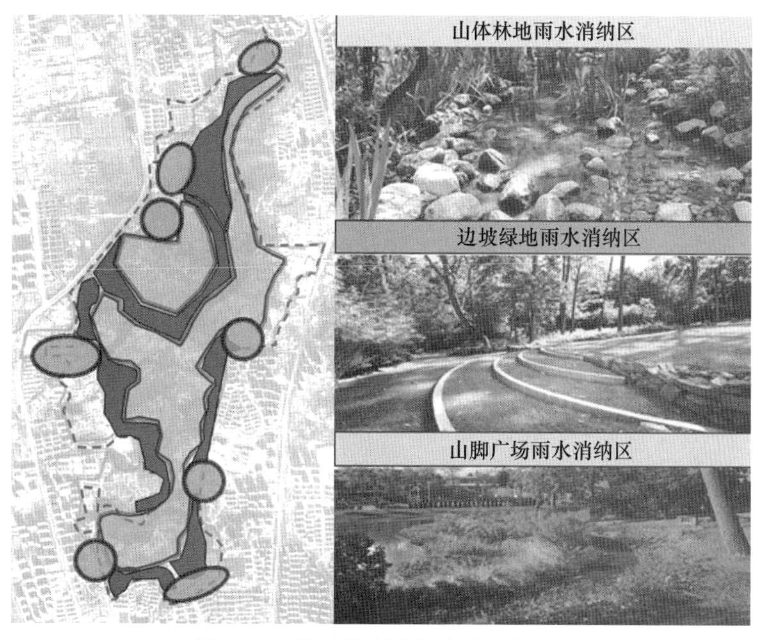

图 3.19 某山体公园海绵设施分区图

本项目位于该山体公园的下游，承接公园内海绵设施溢流排水、山洪水等，起到该公园与下游小区之间水安全防护作用。因此，本项目为某山体公园海绵项目的一部分，即项目的年径流控制率达到95.6%，满足17分区73%的年径流总量控制率要求。

3.5.4 案例二

以某园区9号线道路为案例二，对海绵城市应用于城市道路的解析如下。

3.5.4.1 工程概况

设计道路西起园区38号线，东至园环6号线，位于规划“商务居住区”内，为东西向城市支路，道路红线宽18m，两侧无绿化带，全长约240m。

道路设计横断面、纵断面如图3.20、图3.21所示。

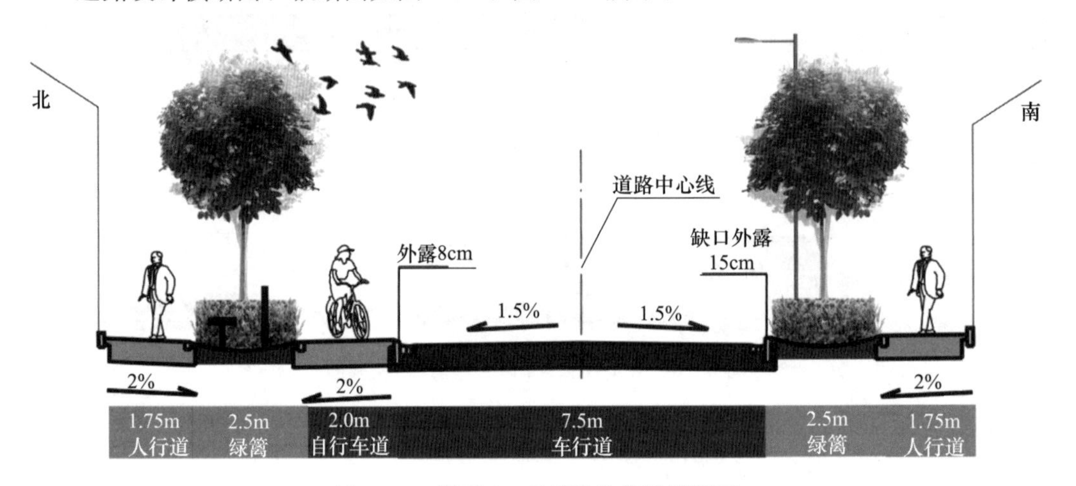

图3.20 某园区9号线道路设计横断面

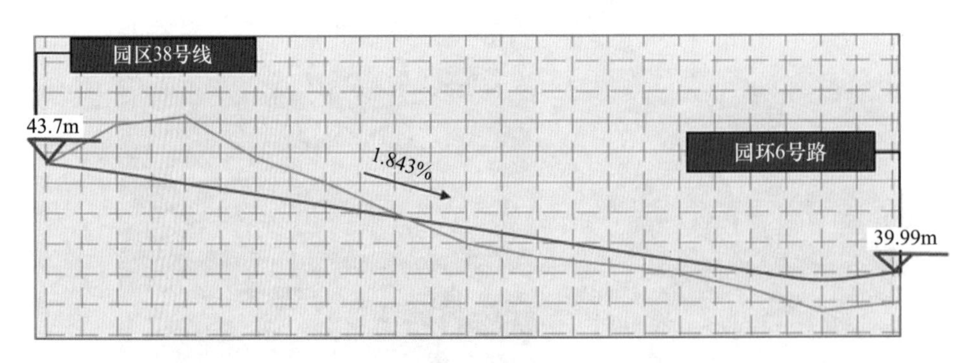

图3.21 某园区9号线道路设计纵断面

3.5.4.2 工程建设条件

（1）区域气象

区域地处沿海，属温带季风气候，冬季盛行西北风，夏季盛行东南风。终年气温较温和，日差变化较小。年平均气温12.5℃，夏季平均气温23.9℃，冬季平均气温

－1.5℃。每年3～11月是农作物生长发育期。年平均晴天94天，阴天108天。年平均日照时数为2447.1小时，历年平均日照率为55%。

区域降水特点主要表现为年际变幅大、年内分配不均、具有较明显的地带性。区域年平均降水量778.9mm，年内降雨高度集中在6～9月，降雨量占全年降雨总量的65%～75%。多雨年（1975年）降水量1391.7mm，少雨年（1981年）降雨量294.77mm。区域降雨特点对植物生长有一定的限制作用，因此在建设海绵城市中，对低影响开发措施及植物种植选择有一定程度的影响。

（2）现状下垫面

园区9号线道路沿线主要为农田、林地。现状地势较为平坦，局部有台地，地貌类型为剥蚀残丘，地表植物较为稀疏，裸土较多。

参考《海绵城市建设技术指南——低影响开发雨水系统构建（试行）》（北京建筑大学，2015），现状场地雨量径流系数应介于绿地与非铺砌的土路面之间，按0.2考虑。对应现状年径流总量控制率80%。

场地勘察资料显示，项目地表主要为素填土与粉土，渗透系数较高；设计路面标高以下2m左右向下为全风化花岗岩，土壤渗透性较差。

（3）区域规划条件

项目地势较高，属于汇水区的起点，无外围地表径流直接汇入。其地理位置位于区域一级水源保护区上游，距水库约500m，生态敏感性相对较高。在《青岛市黄岛区海绵城市专项规划》中，项目所处的管控分区要求年径流总量控制率不低于84%。项目设计暴雨重现期标准为2年。

作为试验性项目，为充分发挥其试验效果，按照年径流总量控制率90%进行设计，对应设计降雨量为59mm，接近于2年一遇暴雨120min累计降雨量。

3.5.4.3 海绵城市设计方案

（1）设计原则及策略

在海绵城市设计过程中，遵循低影响开发雨水系统、城市雨水管渠系统及超标雨水径流排放系统相结合的原则。低影响开发雨水系统可以通过对雨水的渗透、储存、调节、转输与截污净化等功能，有效控制径流总量、径流峰值和径流污染；城市雨水管渠系统即传统排水系统，与低影响开发雨水系统共同组织径流雨水的收集、转输与排放；超标雨水径流排放系统，用来应对超过雨水管渠系统设计标准的雨水径流（图3.22）。

在低影响开发雨水系统设计中，遵循“灰绿结合、以绿为主”的设计原则。设计以控制地面初期雨水污染、降低径流总量、削减峰值流量为目的，优先考虑选用绿色生态设施截流自然降雨，同时采用灰色人工设施进一步控制雨水外排，提高控制指标。

（2）设计下垫面特性

设计道路横断面分布为1.75m（人行道）＋2m（自行车道）＋2.5m（绿篱）＋7.5m（车行道）＋2.5m（绿篱）＋1.75m（人行道），其中人行道、自行车道采用透水型路面铺装结构。路面结构如图3.23所示。

图 3.22　低影响开发雨水系统、城市雨水管渠系统及超标雨水径流排放系统关系

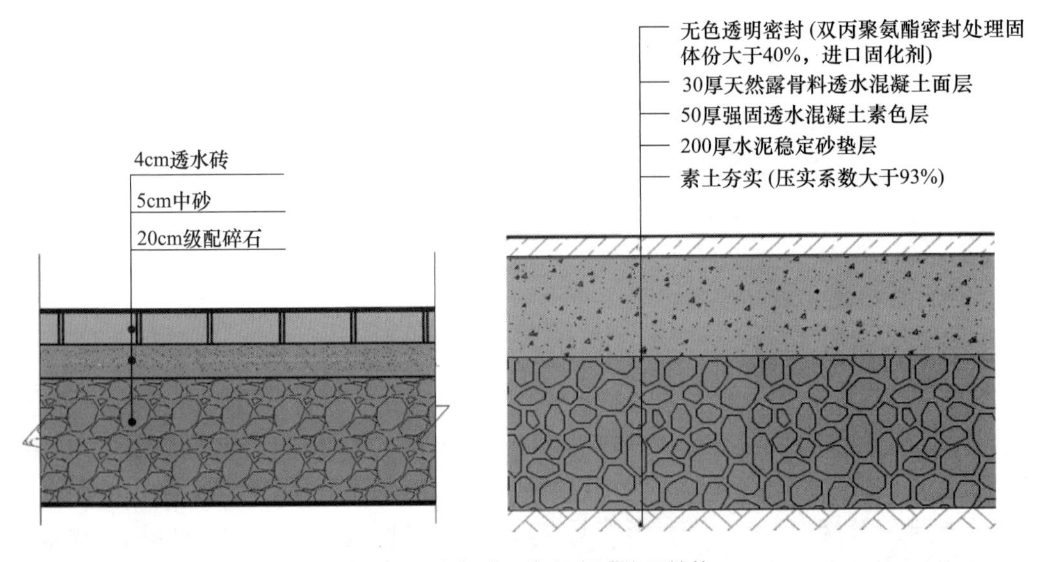

图 3.23　人行道、自行车道路面结构

根据下垫面结构设计及分布情况，测算其综合径流系数（表 3.10）。

表 3.10　雨量、流量综合径流系数测算表

下垫面类型	面积/m²	雨量径流系数	流量径流系数
人行道	1222.47	0.40	0.40
自行车道	401.21	0.40	0.40
车行道	1916.18	0.90	0.90
绿地	967.39	0.15	0.20
合计/综合	4507.25	0.56	0.57

(3) 海绵城市相关设施设计

设计中综合采用了下沉式绿地、透水铺装、渗井、渗管、渗水模块等海绵城市建设措施。

车行道采用排水降噪路面，提高道路性能，同时过滤初期雨水；两侧人行道、自行车道采用透水路面铺装，提高雨水入渗速度；道路绿篱采用下沉式绿地形式，内设渗井、渗管、渗水模块，综合加强雨水下渗。将道路每隔 25m 作为一个设计单元，在单元内有序组织雨水径流、滞纳、排水路径。

车行道路面雨水通过路缘石开口进入沉砂池，沉砂后流入下沉式绿地内；人行道雨水自然散排至下沉式绿地内。在设计单元末端依次设置渗井和阻滞带，收集下沉式绿地内无法消纳的雨水。渗井与绿篱下设置的渗管相连通，加强下渗作用，无法进一步消纳的雨水再次溢流进入北侧渗井。

道路北侧绿篱同样采用下沉式绿地形式，车行道路面雨水通过雨水口进入沉砂池，沉砂后进入渗井；人行道、自行车道雨水自然散排至下沉式绿地内。在设计单元末端依次设置渗井和阻滞带，收集下沉式绿地内无法消纳的雨水。渗井与绿篱下设置的渗水模块相连通，加强下渗作用，超标雨水最终溢流进入市政雨水管道。典型设计单元平面图如图 3.24 所示。

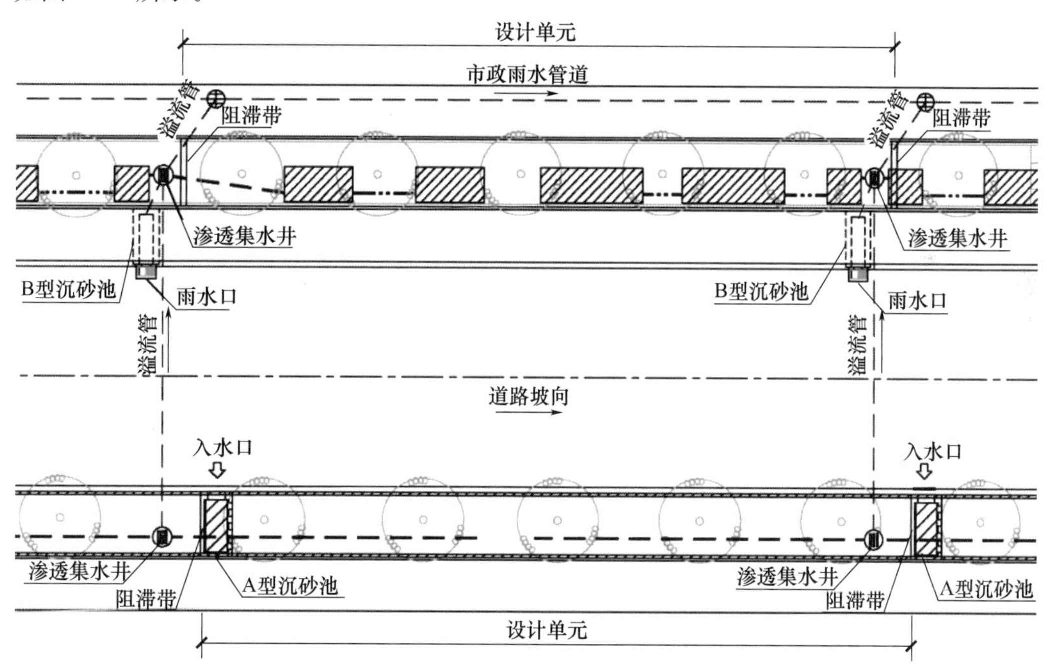

图 3.24 低影响开发设施典型设计单元平面图

低影响开发设施连接及溢流关系如图 3.25 所示。

项目设计范围内，自然降雨的降雨—径流—排除历程如图 3.26 所示。

(4) 径流污染控制措施

初期雨水所带来的径流污染，是海绵城市建设中需要解决的问题之一。工程中需要对初期雨水进行弃流，常用的弃流方法有容积法弃流、小管弃流（水流切换法）等，弃流形式包括自控弃流、渗透弃流、弃流池弃流等。

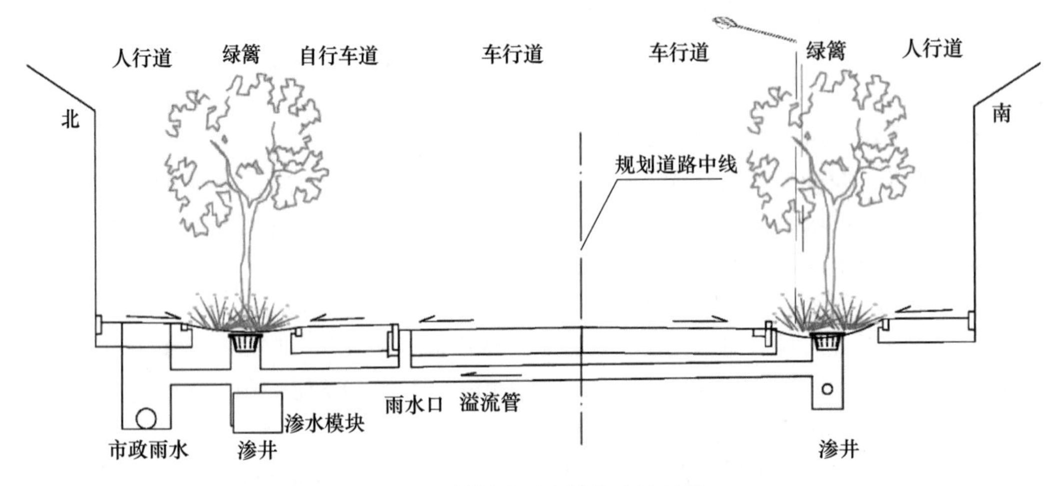

图 3.25 低影响开发设施连接示意

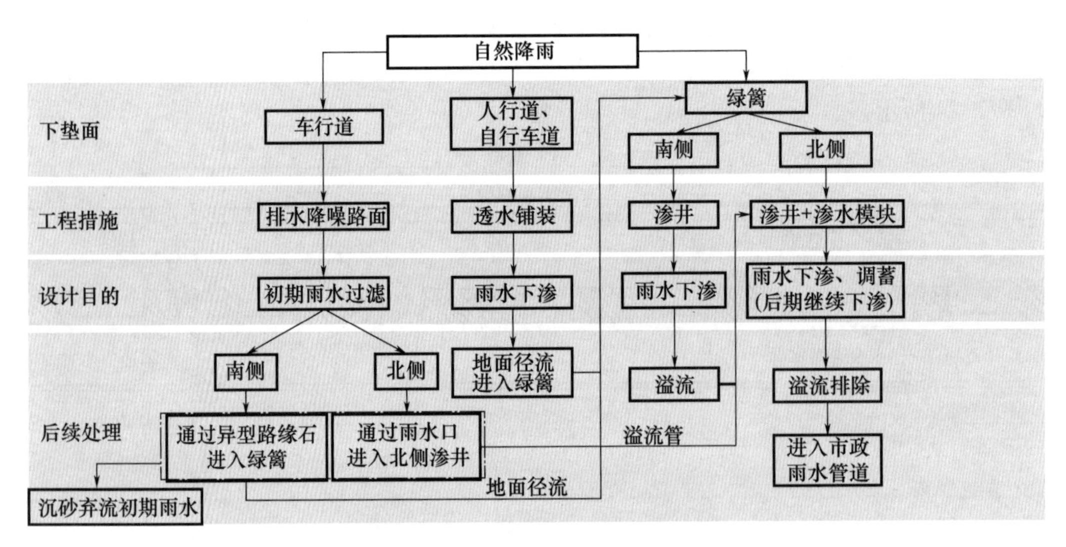

图 3.26 降雨-径流-排除历程

相关研究表明，初期雨水中 SS（suspended solids，固体悬浮物）和 COD（Chemical Oxygen Demand，化学需氧量）污染水平较高，同时 SS 与 COD 的污染程度存在一定的线性相关性。因此对于初期雨水，采用沉砂沉淀分离等物理方法去除 SS，可同步有效地降低初期雨水中的污染物（尹澄清，2010）。

为减少海绵城市设施的后期养护难度，提高系统运行寿命，本次设计采用容积法弃流方法，在车行道雨水进入下渗路径之前设置弃流池，通过沉砂的方式处理初期雨水。沉砂池内的雨水后期通过自然蒸发和人工清理的方式排除。其相关大样见图 3.27、图 3.28。

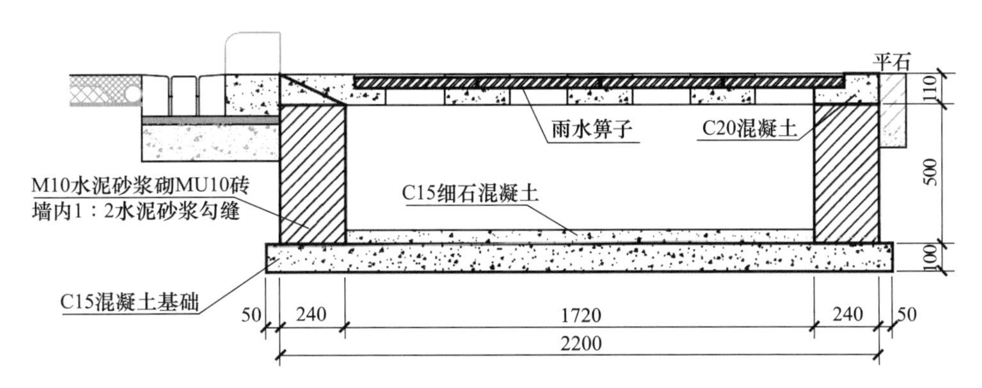

图 3.27 下沉式绿地进水口大样

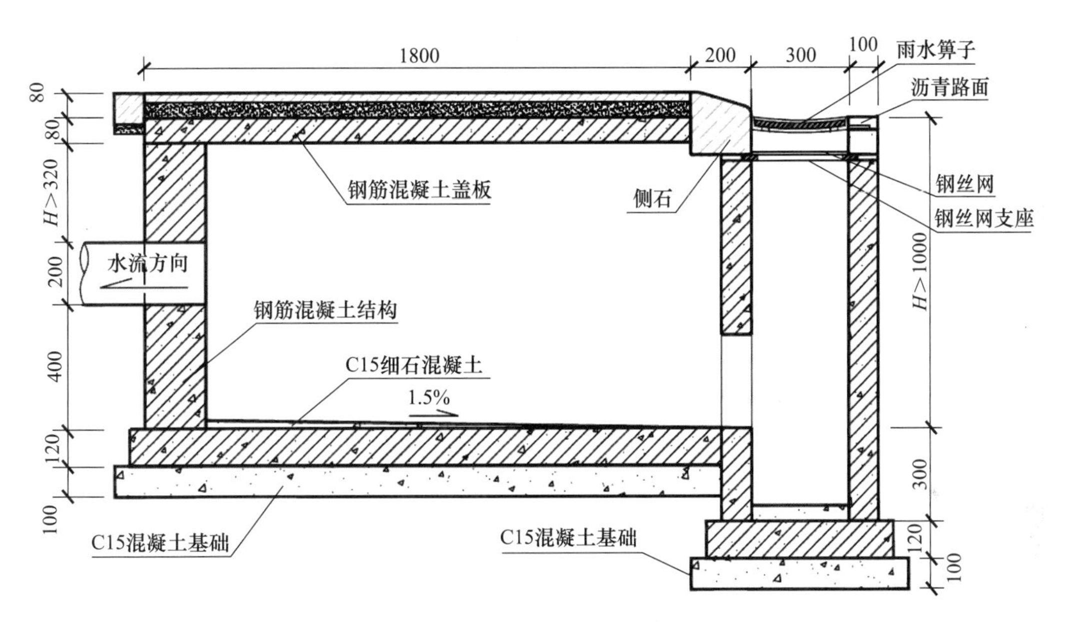

图 3.28 沉砂式雨水口大样

3.5.4.4 海绵城市设计计算

(1) 总调蓄容积

总调蓄容积按容积法计算，计算公式如下。

$$V=10H\varphi F \tag{3-9}$$

式中 H——设计降雨厚度，mm。

φ——雨量综合径流系数。

F——汇水面积，hm^2。

总调蓄容积计算如表 3.11 所示。

表 3.11 总调蓄容积

设计降雨量/mm	雨量综合径流系数	面积/hm^2	总调蓄容积/m^3
59	0.56	0.45	148.68

(2) 径流污染控制

设计采用容积式弃流方式对初期雨水进行处理，初期雨水弃流量按照容积法计算，计算公式如下：

$$V'=10H'\varphi F \tag{3-10}$$

式中 H'——初期雨水弃流厚度，mm。

φ——雨量径流系数。

F——汇水面积，hm^2。

设计弃流池对车行道初期雨水进行处理，单个弃流池最大服务面积约 $110m^2$，初期雨水弃流厚度按照 5mm 计，初期雨水弃流量计算如表 3.12 所示。

表 3.12 初期雨水弃流量

初期雨水弃流厚度/mm	雨量径流系数	单个弃流池服务面积/hm^2	单个弃流池初期雨水弃流量/m^3	单个弃流池设计弃流量/m^3	弃流池数量	初期雨水弃流量/m^3
5.00	0.90	0.011	0.50	0.52	16.00	8.32

(3) 调蓄及渗透能力

本次设计中的渗井、渗管、渗水模块均以渗透为主要功能，其渗透量按下式计算。

$$W_p=KJA_st_s \tag{3-11}$$

式中 K——土壤渗透系数，m/s。

J——水力坡度。

A_s——有效渗透面积，m^2。

t_s——渗透时间，s。

工程全线共设置 DN200 无砂混凝土渗管 263m，PE 渗水模块（1.2m×0.6m×0.6m）296 块，土壤渗透系数根据勘察资料取 1×10^{-5}m/s，渗透历时按照场次降雨时间 2h 计，计算其渗透量（表 3.13）。

表 3.13 渗透量

土壤渗透系数/($m\cdot s^{-1}$)	水力坡度	有效渗透面积/m^2	渗透历时/s	渗透量/m^3
1×10^{-5}	1	159.16	7200	11.46

渗井、渗管、渗水模块所需的有效调蓄容积按下式计算。

$$V_s=V-V'-W_p \tag{3-12}$$

式中 V_s——渗透设施的有效调蓄容积，包括设施顶部和结构内部蓄水空间的容积，m^3；

V——总调蓄容积，m^3；

V'——初期雨水弃流量，m^3；

W_p——渗透量，m^3。

考虑到本项目中渗井、下沉式绿地内的调蓄容积有限，设计中不再考虑其调蓄能力。设计有效调蓄容积仅计入渗管、渗水模块的内部调蓄容积。有效调蓄容积计算如表 3.14所示。

表 3.14 有效调蓄容积

总调蓄容积/m^3	初期雨水弃流量/m^3	渗透量/m^3	计算有效调蓄容积/m^3	设计有效调蓄容积/m^3
148.68	8.32	11.46	128.90	136.13

(4) 下沉式绿篱排水能力

项目中，下沉式绿地除了承担雨水下渗的功能以外，还需承担道路路面雨水的排除功能，因此对暴雨时绿篱的过流能力进行复核。设计中选取最不利单元进行测算。

设计雨水流量按照传统推理公式测算。

$$Q=\psi qF \tag{3-13}$$

式中 ψ——流量综合径流系数；

q——设计暴雨强度，L/（s·hm^2）；

F——汇水面积，hm^2。

流量综合径流系数根据下垫面条件后确定为0.57。最不利单元服务面积为200m^2。设计暴雨强度按照当地暴雨强度公式计算，在设计标准为暴雨重现期2年，地面集水时间2min时，设计暴雨强度为436.61 L/（s·hm^2），计算出最不利单元设计雨水流量（表3.15）。

表 3.15 设计雨水流量

流量综合径流系数	设计暴雨强度/$L\cdot s^{-1}\cdot hm^{-2}$	汇水面积/hm^2	设计雨水流量/$L\cdot s^{-1}$
0.57	436.61	0.02	4.98

绿篱设计断面如图3.29所示。

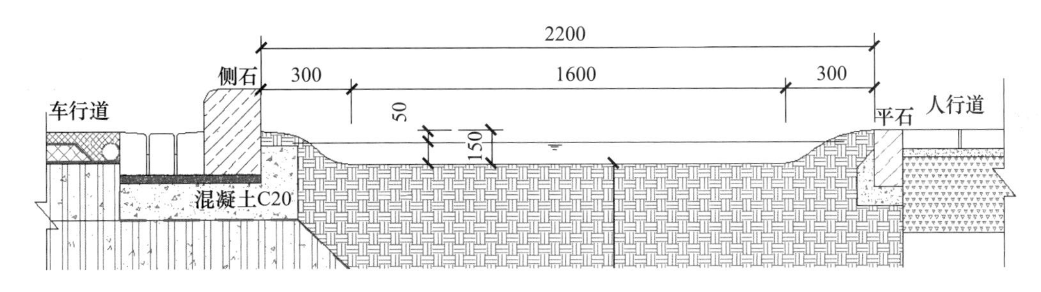

图 3.29 绿篱过水断面示意

绿篱内过水能力可按流量及流速公式计算，计算之前，对过水断面进行一定程度简化以方便计算，同时暂不考虑植物对其的影响。

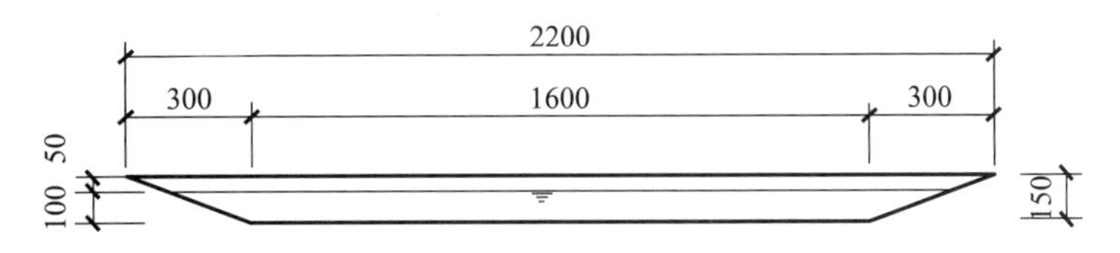

图 3.30 绿篱过水断面简化示意

水流断面的平均流速按下式计算。

$$v=\frac{1}{n}R^{2/3}i^{1/2} \tag{3-14}$$

式中 n——粗糙系数；

R——水力半径，m；

i——水力坡降。

绿篱设计过水能力按下式计算。

$$Q=Av \tag{3-15}$$

式中 A——过水断面面积，m^2；

v——平均流速，m/s。

相关研究表明，植草沟的粗糙系数主要与植草沟材质、不规则程度、断面变化程度、植被、植草沟堰、植草沟曲折程度等因素有关，根据 Cowan（1956）提出的经验公式估算，本项目中绿篱粗糙系数 $n=0.2$。暂不考虑植物影响，根据简化后的绿篱过水断面，可得出过水断面面积 $0.18m^2$，湿周 2.05m，水力半径 0.088m。水力坡降取道路坡度 0.018。绿篱过水能力计算如表 3.16 所示。

表 3.16 绿篱过水能力

粗糙系数	水力半径/m	水力坡降	平均流速/$m \cdot s^{-1}$	过水断面面积/m^2	设计过水能力/$L \cdot s^{-1}$
0.2	0.088	0.018	0.133	0.18	23.875

考虑到实际过水能力受植物阻挡，实际流量取设计过水能力的 50%，即 12L/s，能够满足排水需求。

3.5.4.5 项目建成效果

项目建成至今，海绵城市相关设施运行良好，经过多个气候周期检验，年径流总量控制效果达到预期。在实际运行过程中，相较于周边道路，雨水径流量得到了有效控制，同时道路周边景观环境得到了改善，充分发挥了项目的试点作用。相关实景见图 3.31、图 3.32。

图 3.31 项目和绿篱内弃流池实景

图 3.32 透水铺装实景

3.5.4.6 园区其他项目中海绵城市的应用

海绵城市措施在本项目的成功应用，为区域“三减一加”背景下的城市道路建设提供了充分的技术支撑和试验验证。

在园区其他道路建设中，结合本项目的工程实践，采用了多种形式的低影响开发措施。相对于传统开发模式，降低了不透水下垫面的比例，控制了雨水径流总量；实现径流峰值时刻的后移，一定程度上减轻了城市市政排水管网的压力；避免了初期雨水直接外排，为降低城市面源污染做出了贡献。

园区中的某路，在海绵城市措施采用了无砂混凝土渗井、渗管，替代园区九号线中的成品检查井，在保证透水效果的条件下，有效地降低了工程成本；采用集中式蓄水池，替代了园区九号线中的渗水模块，蓄水池内收集的净雨定期回用于道路浇洒、绿化等，在满足海绵城市建设要求的基础上，进一步实现了雨水回用（图 3.33）。

图 3.33 某路实景

园区中的 31 号线，位于园区南部山体区域，两侧地块分布零散，开发强度低，水系丰富。设计中借鉴了公路排水组织方式，保留山体现状冲沟，同时在道路两侧利用嵌草砖设置了排水明沟，取代了常规的市政雨水管道，进一步践行了低影响开发理念，降低了工程建设对自然环境的破坏。其意向图见图 3.34。

图 3.34 园区 31 号线意向图

3.6 城市绿地与广场

3.6.1 设计要点

（1）城市绿地与广场应在满足自身功能条件下（如吸热、吸尘、降噪等生态功能，为居民提供游憩场地和美化城市等功能），达到相关规划提出的低影响开发控制目标与指标要求。

（2）城市绿地与广场宜利用透水铺装、生物滞留、植草沟等小型、分散式低影响开发设施消纳自身径流雨水。

（3）城市湿地公园、城市绿地中的景观水体等宜具有雨水调蓄功能，通过雨水湿地、湿塘等集中调蓄设施，消纳自身及周边区域的径流雨水，构建多功能调蓄水体/湿地公园，并通过调蓄设施的溢流排放系统与城市雨水管渠系统和超标雨水径流排放系统相衔接。

（4）规划承担城市排水防涝功能的城市绿地与广场，其总体布局、规模、竖向设计应与城市内涝防治系统相衔接。

（5）城市绿地与广场内湿塘、雨水湿地等雨水调蓄设施应采取水质控制措施，利用雨水湿地、生态堤岸等设施提高水体的自净能力，有条件的可设计人工土壤渗滤等辅助设施对水体进行循环净化。

（6）应限制地下空间的过度开发，为雨水回补地下水提供渗透路径。

（7）周边区域径流雨水进入城市绿地与广场内的低影响开发设施前，应利用沉淀池、前置塘等对进入绿地内的径流雨水进行预处理，防止径流雨水对绿地环境造成破坏。应采取措施对含融雪剂的融雪水进行弃流，弃流的融雪水宜经处理（如沉淀等）后排入市政污水管网。

（8）低影响开发设施内植物宜根据设施水分条件、径流雨水水质等进行选择，宜选择耐盐、耐淹、耐污等能力较强的乡土植物。

（9）城市公园设计应结合区域城市组团设计、场地土壤及水文特质、现状及规划地形地势、周边场地、市政及周边水系的受纳能力等科学合理制定，保证绿地的生态安全及使用功能，优先选用低碳方式。设计应明确绿地与区域功能关系，明晰绿地内雨水流程，经过科学计算设置合理的设施、进行合理的布局。

（10）下沉式广场应设有排水泵站及自控系统，广场达到最大积水深度时泵站可自行开启。应设清淤冲洗装置和车辆检修通道。应设置警示标识，并应有安全疏散措施。

（11）城市公园绿地低影响开发雨水系统设计应满足现行规范《公园设计规范》（CJJ 48）中的相关要求。

3.6.2 案例一

以某绿地海绵城市改造项目为例，对海绵城市应用于绿地与广场的解析如下。

3.6.2.1 项目基本情况

某绿地海绵城市改造项目位于二号线以北，长度约 730m，面积为 11.3hm^2。本项目在青岛市海绵城市试点区内。项目中心区域为水库，该水库南北宽度约 160m，东西宽度约 400m，目前尚未进行综合整治，水库周边有大量建筑垃圾及土石方堆积。水库护岸目前均为原生态自然护岸，尚未进行改造，随着水库周边地块的开发，原始自然护岸已经不能满足城市发展的需求，需要进行改造。因水库上游水土流失，水库周边建筑垃圾及地块开发土石方的堆放，导致水库淤积较为严重，水库淤积影响水库调蓄能力及下游河道行洪，需要对水库进行清淤。

本改造项目是在原景观方案设计的基础上根据海绵城市的建设要求进行提升，景观方案因海绵建设尚未实施，规划绿地范围内主要是菜地、土石方堆场及少量未拆迁的建筑。

3.6.2.2 设计目标及原则

1. 设计目标

（1）使河道周边每个地块年径流总量控制率、面源污染削减率等指标达到相关规划要求。

（2）实现河道沿线点源污染及面源污染的有效控制，减少排河污染物总量。

（3）构建完善的河道水生态系统，提高河道的自净能力，使河道水质达到Ⅳ类水质要求。

（4）保障建设区及周边行洪、防涝安全。

（5）通过海绵城市建设，美化周边环境，提升人居环境。

2. 设计原则

（1）规划引领原则。在国土空间总体规划及青岛市海绵城市专项规划指导下进行设计。

（2）尊重自然生态原则。以最大化遵照现状地貌为原则，紧密结合地形，通过尽可能小的破坏，最大程度地实现雨水的自然积存、自然渗透、自然净化的可持续水循环。

（3）因地制宜原则。需结合本地块内的现状水文地质条件、现状雨水管网情况、现状下垫面情况、现状铺装活动空间、现状交通等，是否有雨水回用需求等，采取适合本地块内实际情况的低影响开发措施，构建本地块的低影响开发系统。

（4）系统性原则。低影响开发系统是一个整体系统，在设计中，应结合现状地形地势及屋面、路面、铺装、绿地的雨水径流流向，合理布置低影响开发措施，通过植草沟、排水管网等，将不同的低影响开发措施，有机组织成一套完整的低影响开发系统，进而发挥控制径流总量及污染的系统性作用。

（5）经济适用原则。从实际情况入手，在保证设计安全的前提下，将现状条件最大化利用，注重经济、实用。

（6）景观协调原则。在进行低影响开发措施改造的同时，结合区内现状绿化、铺装、路面等情况，提高景观效果，用最少的造价得到最好的效果。为城市收集与净化雨水，为百姓提供更加良好的生活与活动空间。

本项目是一个开放式公共绿地，主旨是为周边居民提供就近休闲娱乐的户外场所。建设内容主要为防洪工程、海绵城市改造工程和景观工程。

因绿地中心为水库，因此沿岸设计中结合景观元素的设置，合理布置栏杆、采取绿化软隔离和二级驳岸防护等措施，确保游园安全。

3.6.2.3 海绵化总体设计

(1) 分区展示。依据竖向设计，分析和计算每个汇水区域的雨水路径及指标，将地块划分为 11 个汇水分区。根据汇水分区划分，在每个汇水分区内设置相应的海绵措施。

以汇水分区 7 为例，在汇水分区内设置相应的海绵措施。相关图示见图 3.35、图 3.36。

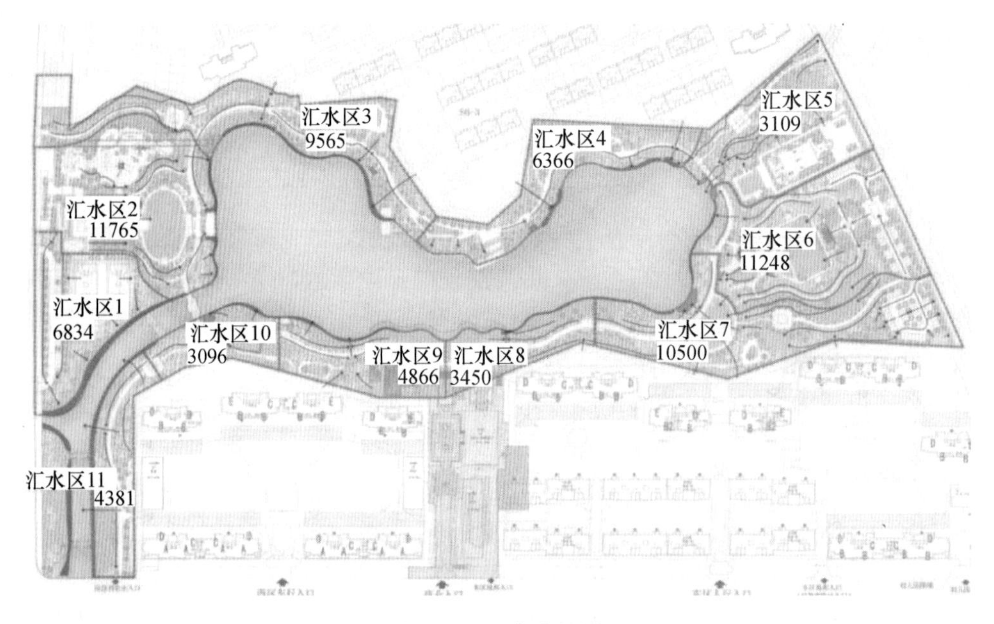

图 3.35 汇水分区图

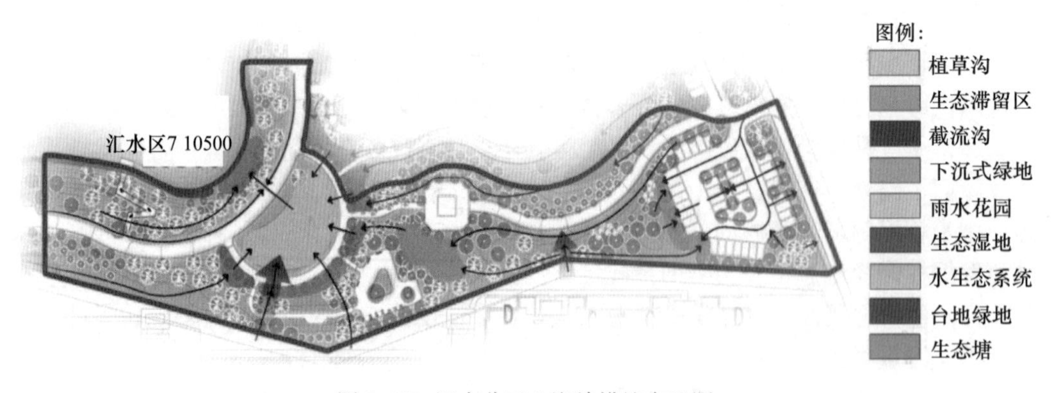

图 3.36 汇水分区 7 海绵措施布置图

（2）设计方案及平面布局。本工程主要内容分两部分，一是水库及河道的改造，使改造后的水库及河道水质达标。二是地块的改造，使改造后地块相关指标达到《青岛市海绵城市建设试点实施方案》的相关要求。

技术路线分为以下两个方面：

一方面是按照《青岛市海绵城市专项规划（2016—2030年）》的要求改造水库周边、河道两岸绿地及铺装，通过设置台地、山木桩等方式建设下沉式绿地、植草沟、生态滞留区、雨水花园等技术措施，使河道两侧地块年径流总量控制率及面源污染削减率等强制性指标满足规划要求。

另一方面是河道水质净化技术路线，按照《城市黑臭水体整治工作指南》的相关要求，针对造成河道水质污染的原因采取相应的措施，具体包括点源污染截污纳管、面源污染控制措施，河道底泥清淤、岸带修复、水生态净化等措施（图3.37）。

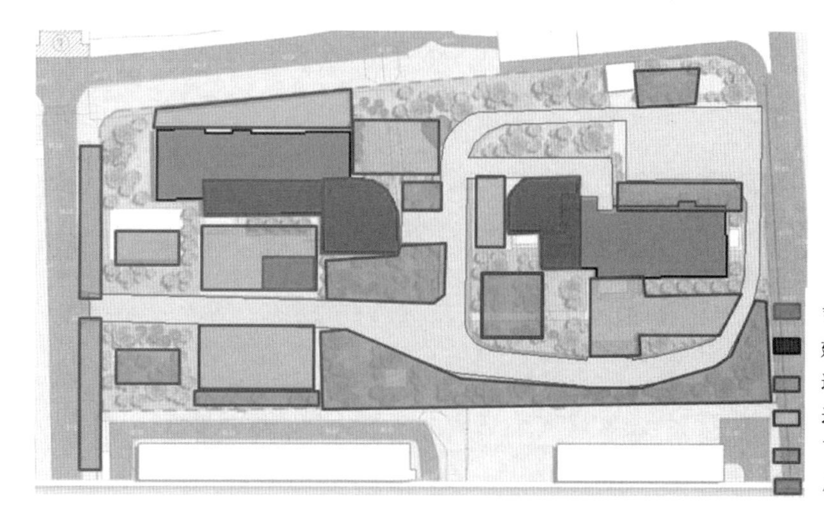

图3.37 海绵措施布置图

3.6.2.4 项目总结

本项目海绵城市工程措施如下：（1）采取分散式源头控制方式低影响开发措施，主要通过雨水的下渗减排实现年径流总量控制率；（2）采取末端低影响开发措施，主要通过雨水的直接集蓄利用实现区域年径流总量控制率；（3）采用雨水调蓄池技术，利用现状雨水管渠，收集初期污染雨水，提高区域面源污染削减率。

低影响开发技术措施选择：

（1）下沉式绿地。普通绿地和下沉式绿地径流系数变化较小，对径流量影响较小（下渗和蒸发方面）；但下沉式绿地下凹的部分及其下储水基层对总雨量影响非常大，通常是几倍至几十倍的影响（指存水方面）。本工程中，下沉式绿地主要应用于河道两岸的绿地（图3.38）。

（2）生物滞留设施。生物滞留设施蓄水原理与下沉式绿地相似，但增加了通过微生物系统对雨水的蓄渗和净化。主要应用于绿地面积较大区域，结合小区或道路雨水管道接入河道处建设雨水花园等生物滞留设施（图3.39）。

图 3.38　下沉式绿地

图 3.39　生物滞留设施

(3) 透水铺装。透水铺装和不透水铺装径流系数变化较大，其存水基层对径流量影响也很大。相关图片见图 3.40。

(4) 水生态系统构建。现状河道因上游水土流失，直接接入河底，河道淤积较为严重。通过对河道清淤提高河道行洪能力，为构建河道水生态创造条件。相关图片见图 3.41。

(5) 面源污染控制措施。根据该项目周边的雨水管渠情况，在本段河道建设雨水调蓄池，截留初期污染雨水；并在水库内设置潜流湿地及循环泵站，通过潜流湿地内植物的自净能力，改善水库水质。其平面图见图 3.42。

图 3.40 透水沥青路面

图 3.41 水生态系统构建

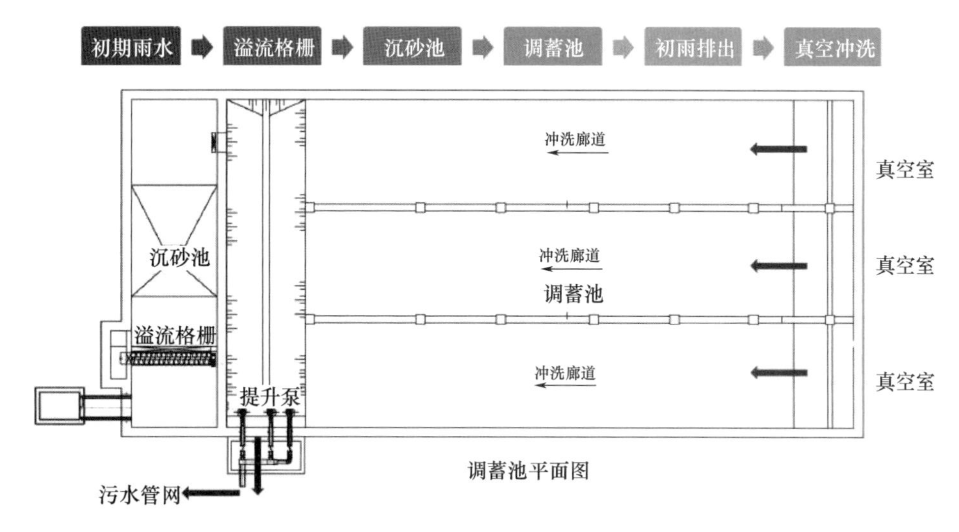

图 3.42 初期雨水调蓄池示意图

3.6.2.5　工艺特点

本项目通过采用常规海绵城市措施（包括设置下沉式绿地、植草沟、雨水花园以及透水铺装改造等），结合初期雨水调蓄净化池以及循环潜流湿地的设置，系统建立了海绵系统，从点源、面源、防洪、人文等多方面解决了建设前存在的诸多问题。

下沉式绿地、植草沟、雨水花园、透水铺装等海绵措施的建设，有效地提高了地块的年径流总量控制，使更多的雨水能通过地表渗入地下。

初期雨水调蓄净化池的建设，有效地截留了暗渠内的初期污染雨水，保护了水库内水体不受外来污染物的污染。

潜流湿地的建设，提高了水库水体的自净能力，保证了水库水质。

3.6.3　案例二

以某公园改造工程为例，对海绵城市应用于绿地与广场的解析如下。

3.6.3.1　整体设计思路

1. 整体思路

首先，对某公园现状进行调研，收集和整理相关水文气象、地形地貌、生态条件、社会经济、上位规划、周边居民的改造需求和其他相关规划内容。在现状调研和资料梳理整合的基础上，分析该公园的水资源、水环境、水文地质及现有基础设施等现状条件。

其次，结合该公园的地形地势特点及现状水库的相关资料，识别其在水生态、水环境、水资源、水安全等方面需解决的核心问题。以问题为导向，从以上四方面提出该公园海绵城市建设的整体思路、目标和相关措施。

最后，为实现保护生态环境、削减径流污染、缓解城市内涝、节约水资源打造生态优美的山体公园的总体目标，分别从雨水径流（包括径流污染）控制、水库生态岸线恢复、排水防涝、雨水资源化利用及海绵与景观相结合等方面，制定不同海绵城市及景观设计方案。

2. 排水区域划分

根据公园的地形地势，结合自然冲沟的位置及走向，本次设计将该公园划分为16个汇水分区（图3.43）。

3.6.3.2　项目概况

本项目地块面积约80.9hm^2。该公园内主要由山体绿地、梅园、禽鸣苑及画院组成。梅园、禽鸣苑及画院均由各单位独自经营，山体公园属于公共绿地。区域内道路主要有环山消防道路、人行步道及小型广场，绿地主要有公园绿地、山体林地，建筑有管理用房及部分民居。区域内有两处较大的水体，分别是水库一及水库二。主要的铺装形式：消防道路为混凝土路面，人行步道多为块石铺装和荷兰砖铺装，广场为广场砖和荷兰砖铺装。

图 3.43 汇水分区示意图

1. 下垫面分析

该公园建设面积 80.9hm^2，现状以绿地及山地为主，分别占总面积的 66.2%、23.0%。绿地中以林地为主，主要分布在南侧山峰及冲沟处，以针叶林为主，山脚及水库周边以国槐、柳树、梅树为主。绿地主要分布在公园及水库的周边，其中园区以片状分布，道路周边以带状分布，主要分布在园区及水库周边，其余下垫面为道路与广场、屋面、裸土与水域，可改造绿地面积较大，现状水文条件较好，相关情况见表 3.17、图 3.44。

表 3.17 某公园下垫面分布表

下垫面类型	分布面积（m^2）	比例（%）
道路与广场	28319.9	3.5
屋面	3274.5	0.4
绿地	721384.1	23.0
水域	51117.6	6.3
林地及山体	535436.1	66.2
裸土	4552.6	0.6

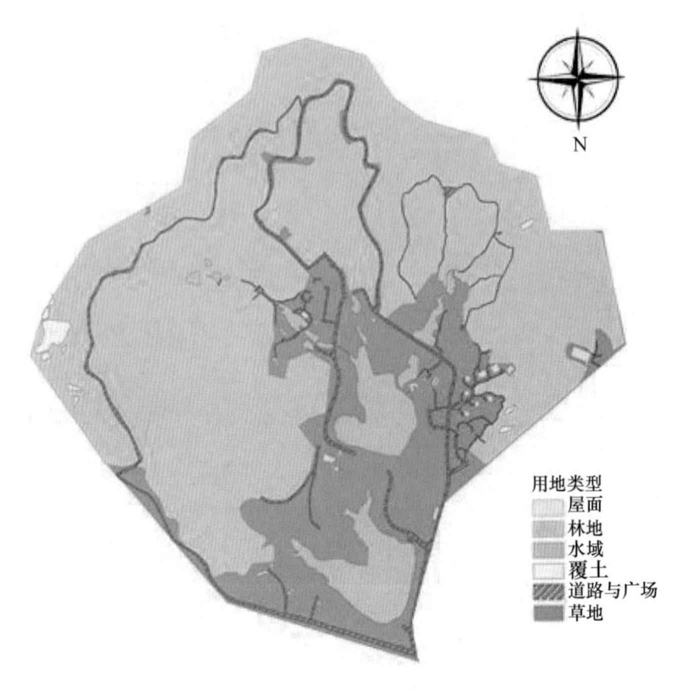

图 3.44 某公园下垫面解析图

2. 现状排水分析

该公园整体地势南高北低，现状排水主要以散排为主，主要排水通道为自然形成的雨水冲沟，雨水均通过冲沟汇至北侧的水库一及水库二，通过水库二的 9m×2m 的溢洪道，排至某路左侧的排水沟，最终排至楼山后河（图 3.45）。

图 3.45 现状雨水排水流向示意图

山体雨水 —散排→ 自然冲沟 ——→ 水库一
↓
山体雨水 —散排→ 自然冲沟 ——→ 水库二 —溢洪口→ 楼山后河二支流 ——→ 楼山后河

3. 现状存在问题分析

（1）山体部分

①该公园整体南高北低，南侧主要为山体林地，最高点标高为 203.34m，北侧为水库一和水库二，低点标高在 61.4m 左右。

②消防通道，现状水泥路面部分路面开裂，路况较差，道路两侧无排水设施。

③现状植物资源丰富，种类较为单一。植物从山顶、坡地到谷底主要有黑松、刺槐及少量梅花、垂柳等。

④公园的山体排水主要通过自然冲刷形成的冲沟实现，所有降水均排至北侧水库。

⑤山体存在水土流失现象。

⑥山体部分除防火通道外，无其他通道及休憩设施，难以与梅园 AAA 级景区地位相匹配（图 3.46）。

图 3.46 山体部分现状照片

（2）水体部分

①水库二始建于 20 世纪 60 年代，中间未进行过大型维修。2013 年对泄洪口整修，可满足公园的泄洪需求。

②由于湖体驳岸年久失修，坝体损毁较大，水土流失严重，景观效果差。

③水库现状为养鱼塘，水库一和水库二部分坝体被农田侵占，既影响水库的防洪，也导致湖体水质较差。同时在洪水时存在很大的安全隐患。

④水库周边的道路破坏严重，无法形成环形通道，景观效果差。

⑤水库水质较差，COD 含量偏高，氮、磷超标，不符合四类水要求。相关情况见表 3.18、图 3.47。

表 3.18 水库水质检测表

名称	水库二	水库一
NH_3-N (mg/L)	0.02	0.15
T-P (mg/L)	0.12	0.12
T-N (mg/L)	1.46	1.09
COD (mg/L)	41	36
SS (mg/L)	1	1

图 3.47 水库一及水库二现状图片

3.6.3.3 设计目标及原则

基于该公园现存的问题及其在海绵城市试点区内的地位。本次设计的目标是：合理疏导山体雨水、提高山体的生态涵养能力、实施源头控制，有效控制山洪，减少下游行洪的压力，打造与公园地位及周边居民需求相适应的山体公园。

3.6.3.4 方案概要及系统构建

1. 海绵设计总体思路（图 3.48）
2. 方案概要

（1）山体主要做法。在山体设置生态挡墙、台地式花园（鱼鳞坑等），进行植物的补植，改造现有冲沟、增加雨水的下渗和滞留并可以增加冲沟的调蓄能力，沿山体道路设置生态草沟，地势较低处设置生态滞留带等，以降低雨水流速，增加山体下渗能力，有效去除面源污染。达到海绵城市建设的“渗、滞、净、排”要求。

（2）水体主要做法。水体周边的广场均采用透水铺装、下沉式绿地、雨水花园、植被缓冲带、雨水湿地、雨水塘、太阳能水体净化设施、水库溢流设施及雨水回用系统等措施，达到海绵城市建设的“渗、滞、蓄、净、用、排”要求。

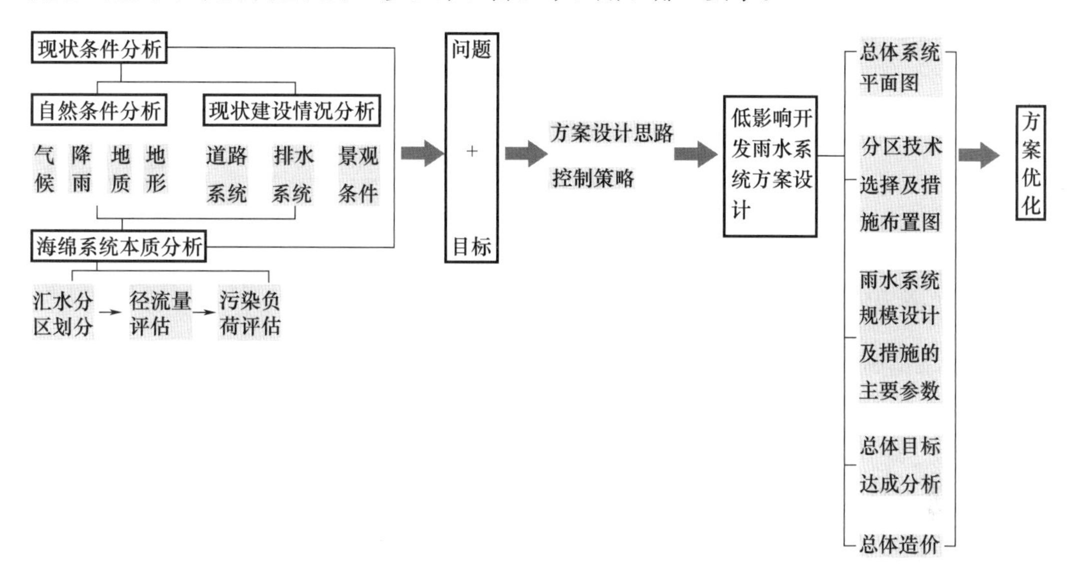

图 3.48 设计思路

3. 海绵系统的构建

（1）雨水滞留-净化-减排构建体系统（图 3.49）

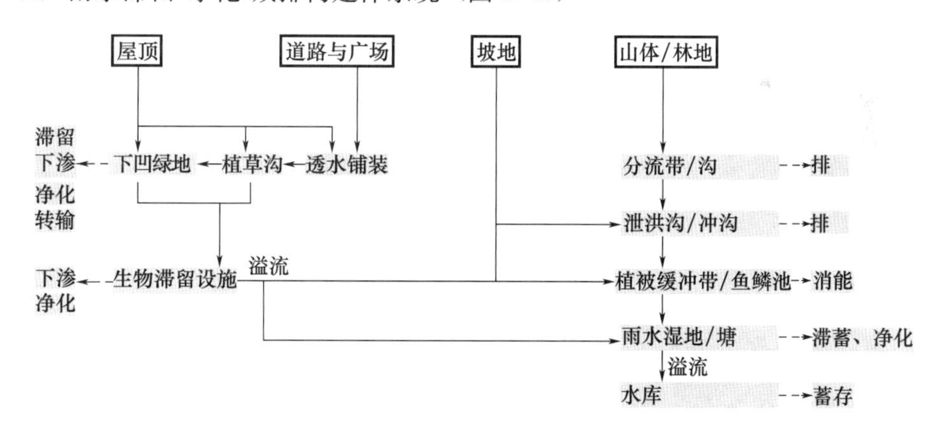

图 3.49 系统示意（一）

（2）雨水滞留-净化-蓄存构建体系统（图 3.50）

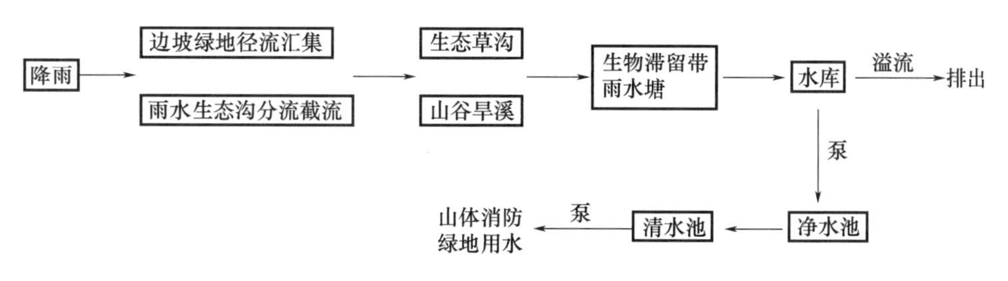

图 3.50 系统示意（二）

(3) 山洪防治构建体系统（图 3.51）

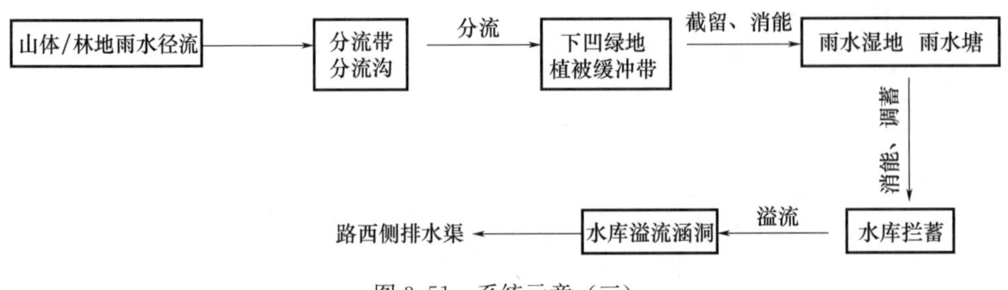

图 3.51 系统示意（三）

3.6.3.5 公园海绵措施

1. 海绵措施

根据整个区域内的地形地貌及现状设施情况，其主要的海绵措施主要分布在北侧的地势较为平坦的区域，即水库的周边和冲沟的末端。因此根据海绵设计的实际需求，将各汇水分区采取相应措施。

该公园根据各措施的分布及功能，主要分为调蓄消峰区、渗透滞留净化区、滞蓄净化区、净化区、削能净化区六个功能区，主要分布见图 3.52。

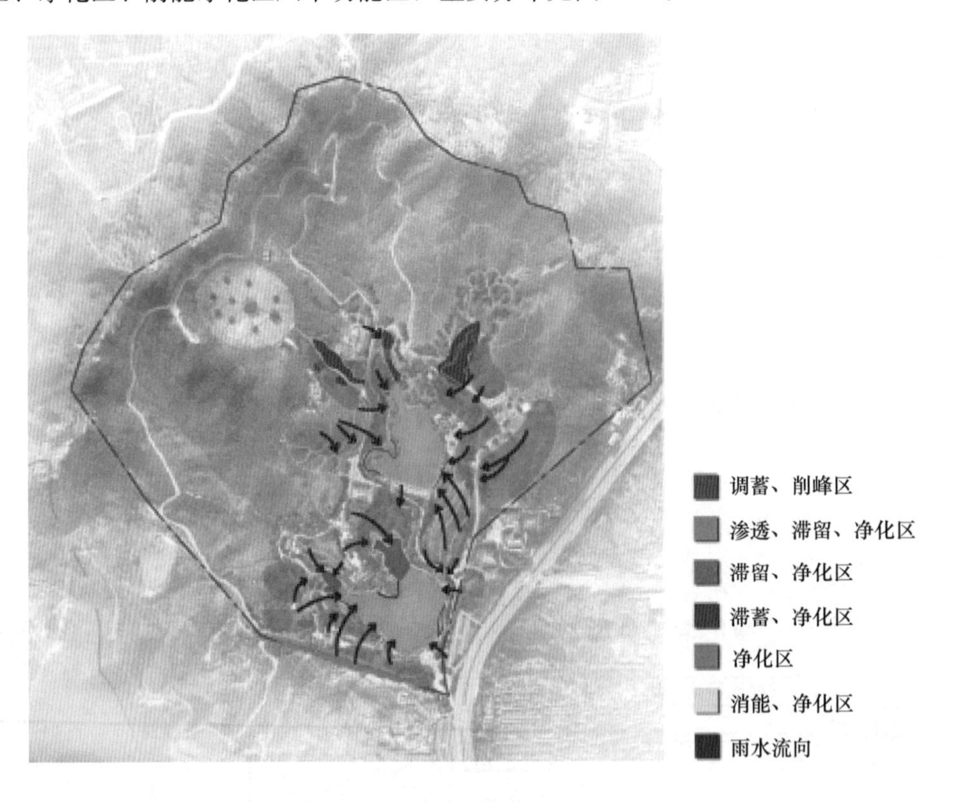

图 3.52 某公园功能区主要分布图

2. 海绵体系分布

该公园改造工程采取的水体部分主要措施有下沉式绿地、雨水塘、雨水湿地、植物过滤带、透水铺装、生物滞留带、植草沟及灌渠。山体部分主要采取生态分流沟、生态挡土墙及生态滞留设施。其主要的分布详见图 3.53。

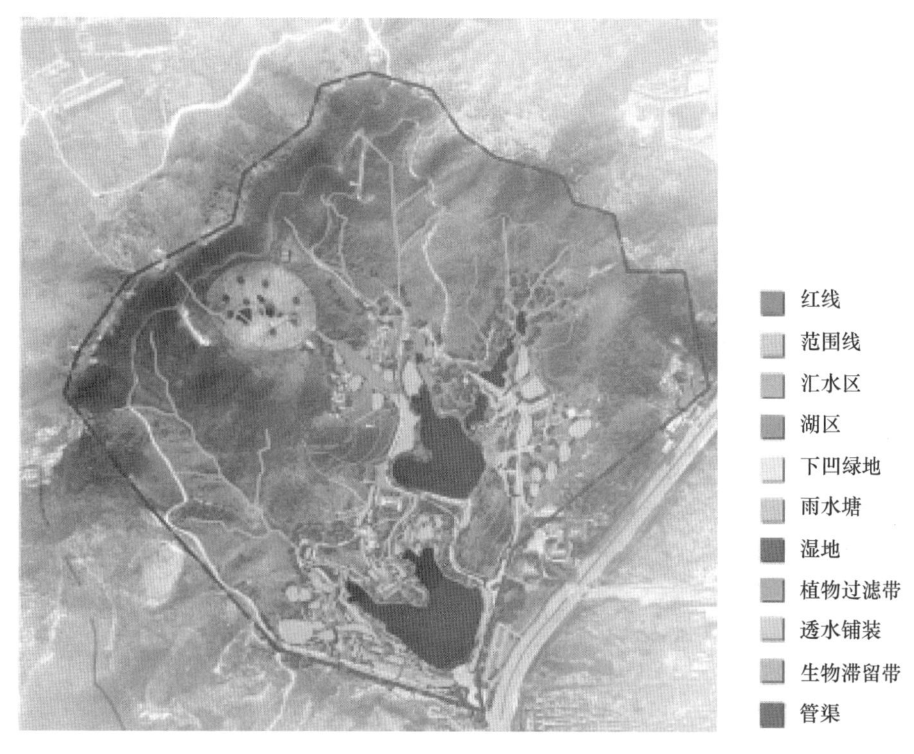

图 3.53 海绵体系分布图

3. 主要海绵措施设计

（1）雨水冲沟整理。合理梳理现状冲沟，将冲沟整理为景观与排水功能相结合的自然景观长廊，既满足平时游客的休闲需求，又可作为山体雨水的合理疏散通道（图 3.54）。

图 3.54 雨水冲沟改造前后对比

（2）生态驳岸处理。将较大水面和水库的驳岸改造为生态驳岸，利用石笼和植被护坡等生态措施改造水库的坝体，在冲沟雨水流入水库前设置小型湿地，利用植物对水质进行净化，避免水体污染（图 3.55）。

图 3.55　水库二驳岸改造前后对比

（3）雨水塘处理。在雨水冲沟内平缓地设置和改造雨水塘，进行雨水的就地消纳、消峰和净化，增加山体的生态涵养，同时减少下游水库和河道的行洪压力（图 3.56）。

图 3.56　雨水塘改造前后对比

（4）雨水花园与透水铺装的结合。在山体地势较平坦处设置透水铺装与雨水花园相结合的休闲广场。雨水花园及透水铺装设置，不仅对道路雨水进行净化和贮存，而且能增加山体景观的设计多样性（图 3.57）。

图 3.57　雨水花园与透水铺装改造前后对比

（5）山体坡地处理。将山体坡地整理为植被缓冲带，减缓雨水直接对山体的冲刷。改造措施见图 3.58。

图 3.58 坡地改造措施

(6) 排水系统设计及排水沟分布。公园内的排水系统主要以生态排水沟分流和改造现状雨水冲沟排水为主。生态排水沟主要沿道路设置，改造的雨水冲沟负担分流水的末端及山洪的防治。为保证公园内水体的水质，在主要建筑区及水库周边设置截污管道，污水排至某路现状污水管（图 3.59）。

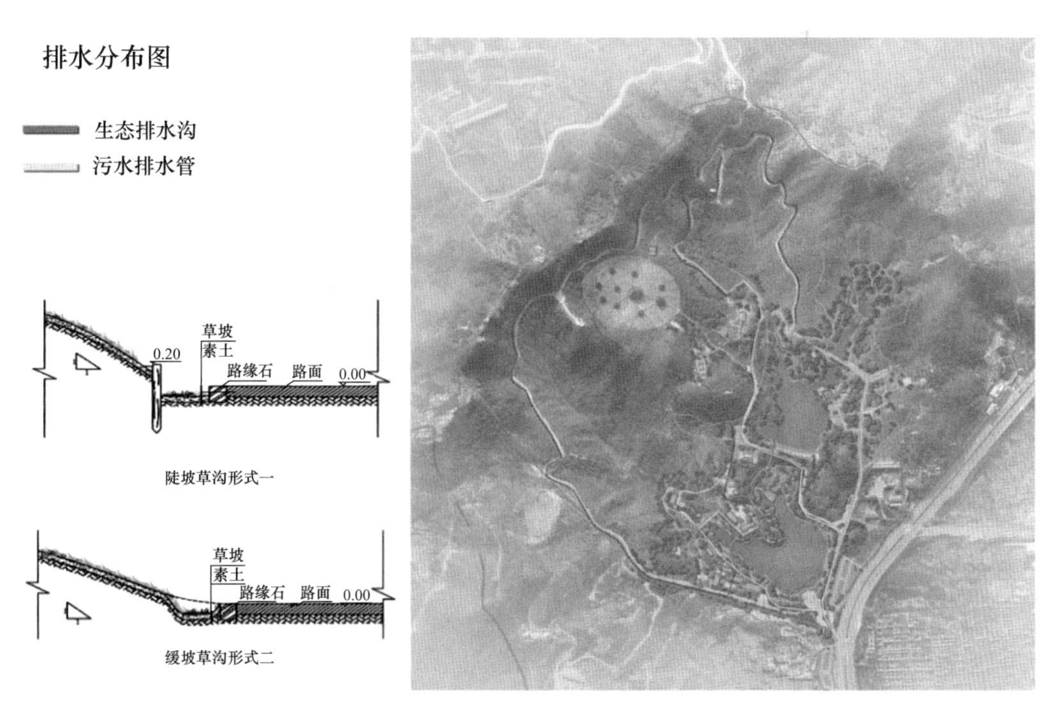

图 3.59 某公园排水系统分布图

（7）中水回用系统。公园内为满足海绵城市的“用”要求及根据公园的灌溉及消防需求设置中水回用系统，水库贮存的水经过净化后通过提升装置和敷设的给水管道送至各个用水点，同时为满足山林的防火需求，山顶的高处设置蓄水池，沿主要道路设置消防取水口。其示意见图 3.60。

图 3.60　某公园中水回用系统

3.6.3.6　效益分析

工程建成后，达到年径流总量控制率 94%、SS 总控制率 78.5%目标，满足海绵城市建设指标要求。

（1）经济效益。项目的实施促进了区域、提升了景观的渗透力，给整个区域提供了一个良好的生态环境，促进了区域功能和景观建设的升级，最终形成连锁效应，带动了周边区域的良性发展。

（2）社会效益。公园改造后将成为青岛北部最大的一个集休闲、娱乐及健身于一体海绵型山体休闲公园，将为青岛市海绵城市的建设起到很好的普及及宣传作用。将为更多的游客提供休憩和游览的场所，吸引更多客流。

（3）环境效益。该公园实施海绵改造后将缓解下游河道的行洪压力。

3.6.4　案例三

以某休闲广场海绵城市改造项目为例，对海绵城市在广场中的应用解析如下。

3.6.4.1　项目概况

该休闲广场是重要的滨海节点区域，位于某区政府东侧，沿线串联多个自然景点及岛屿。周边多为行政办公、商业用地及居住用地，主要人群是城市白领及居民，缺乏活动广场及娱乐设施。

场地内现状大面积的硬质铺装致使地表径流量较大。绿地种植单一，没有充分发挥大面积绿地的生态效能及游憩功能，缺少服务设施。场地内部的高程变化不大，地势平坦，不利于场地排水、汇水。整体来讲，场地作为城市公共空间及绿地，其公共服务能力及空间价值没有得到应有的发挥（图 3.61）。

图 3.61 改造前场地状况

规划面积约为 6 万 m^2，地块长约 692m，宽 20～170m，最宽处为街道办事处对面的圆形中心广场区域，宽约 170m。主要建设内容包括铺装约 22000m^2（其中透水铺装约 85%）、绿化约 37000m^2（包含下沉式绿地、雨水花园等海绵措施）、景观构筑、给排水整治等。

3.6.4.2 设计目标及原则

基于场地现状生态不佳、功能丧失、景观破损等问题，设计结合景观手法对场地实施生态修复，运用海绵城市措施，进行生态系统的构建。建成后，年径流总量控制率 80%。

设计遵循生态优先原则，将自然途径与人工措施相结合，在确保排水防涝安全的前提下，最大限度地实现场地及周边雨水的滞蓄、渗透和净化，构建城市海绵体，创造城市“弹性”空间。

3.6.4.3 海绵措施

通过采用下凹绿地、透水铺装、雨水花园等雨洪收集利用技术，将景观设计与雨洪管理系统紧密融合，通过源头蓄水与净化（下沉式绿地、雨水花园）、中途转输（生态植草沟）及水质生态处理（生态驳岸）等多种渠道，构建多层级的海绵空间（图 3.62）。

（1）下沉式绿地。中心活动区外侧设置多处低于路面的小型下沉式绿地，为保证水体的流动性，绿地内设置的木栈道采取架空的结构形式，也增加了滞蓄雨水的面积，保证了生态系统的完整性。连续下沉式绿地充分利用开放空间贮存雨水，起到减少径流外排的作用，并根据植物耐淹性能和土壤渗透性能确定下凹深度，保证暴雨时径流的溢流排放（图 3.63）。

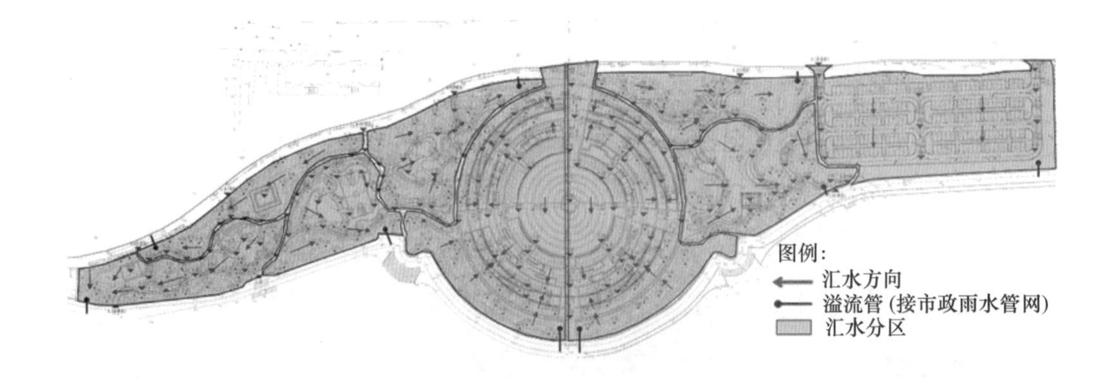

图 3.62 汇水分区图

图 3.63 下沉式绿地设计效果图及建成后实景图

（2）透水铺装。广场内路面铺装优先选取透水材料，达到渗透雨水的效果。采用环境低影响的手法铺设，保证场地生态环境。铺装方式主要有：透水混凝土铺装、玄武岩透水铺装、植草砖及木铺装等，以85%透水铺装比例保证场地雨水渗透量，及时补充地下水（图 3.64）。

图 3.64 透水铺装实景图

（3）雨水花园。利用东西两侧的现状绿地建设多处雨水花园，在休闲广场区域设置雨水花园展示带，汇集和吸收地面的雨水，同时丰富景观。雨水花园能够有效传输和消纳雨水，在强降雨时能有条理地处理、消化雨水径流，结合跌水设计，层级净化雨水径流中的污染物，通过植物、土壤的综合作用使雨水逐渐渗入土壤，涵养地下水，多余雨水补给景观、厕所等城市用水（图 3.65、图 3.66）。

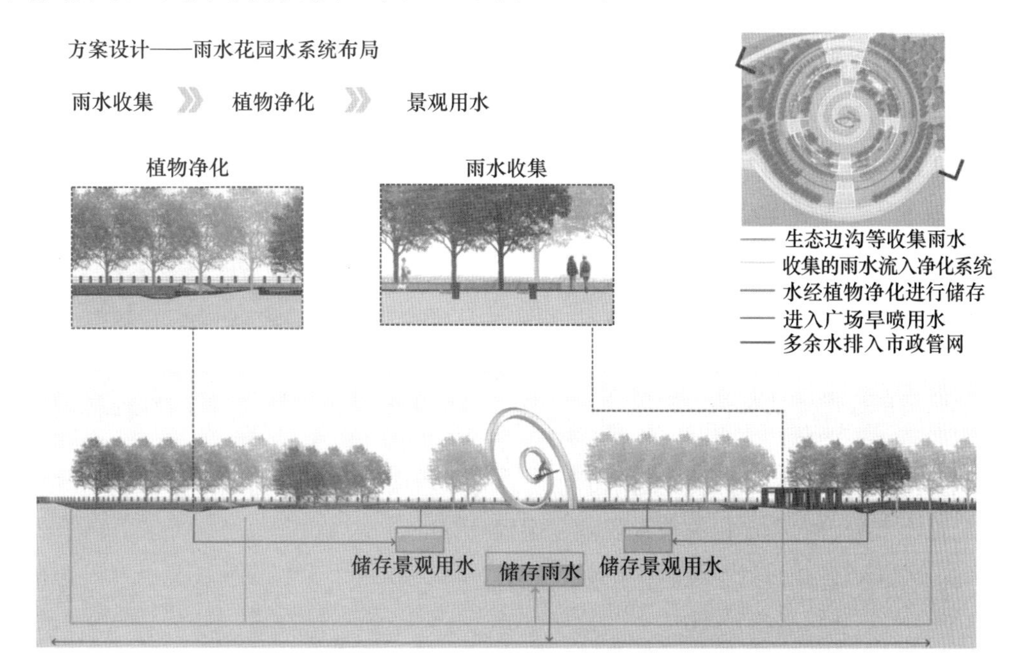

图 3.65　雨水花园水系统布局图

图 3.66　雨水花园建成实景图

3.6.4.4　项目特色

将场地景观与海绵措施进行叠加设计，形成景观要素圈层＋雨水花园圈层的弹性场地。应用了仿生设计理念，选取海螺螺旋生长的生物结构在设计中进行演绎，意图强化场地是具有生命力的海绵景观。应用“会呼吸的”透水铺装、“有弹性的”下沉式绿地、“可代谢的”雨水花园，组成一个可以“自我生长”的海绵生态系统。

3.7 城市水系

海绵城市建设应当遵循系统谋划、蓝绿融合、蓄排统筹、水城共融、人水和谐的原则，坚持政府主导、社会参与、规划引领、统筹推进、因地制宜、生态优先，提升水的综合利用水平，构建健康的城市水系统，增强城市韧性（防灾减灾能力）。

3.7.1 设计要点

3.7.1.1 设计依据

（1）符合相关规划。包括城市总体规划、区域控制性详细规划、海绵城市专项规划、海绵城市详细规划、防洪排涝规划、水污染防治规划等。

（2）符合投资计划及相关政策支撑文件。包括年度投资计划、海绵城市实施方案、其他有关政策文件等。

（3）符合规范及标准。包括海绵城市建设技术指南及其他海绵城市建设相关标准规范，建筑、市政、水利等相关技术规范、规程及标准。

3.7.1.2 设计原则

减少对生态环境的影响，有利于城市水生态修复、城市水环境改善和城市水资源涵养，有助于提高城市水安全、增强城市防洪能力、促进人与自然和谐发展。

（1）水生态。满足规划要求的年径流总量控制率和城市面源污染控制率要求；措施有助于稳定年均地下水潜水位、恢复生态岸线、缓解热岛强度等。

（2）水环境。杜绝黑臭水体；防止项目建设后产生新的污染源，加强污染点源治理；有效控制雨水径流污染，削减城市径流污染负荷；严格落实雨污分流制度。

（3）水资源。提高污水再生利用率和雨水资源利用率水平。

（4）水安全。消除或减少历史积水点；地表水质达到水功能区相关标准。

3.7.1.3 设计目标

1. 规划目标

从水生态、水环境、水安全、水资源四个方面提出海绵城市规划目标。源头、中途、末端三个阶段的目标各有侧重，形成有机统一的整体。源头侧重年径流总量控制，中途侧重径流峰值控制，末端侧重径流污染控制、雨洪资源化利用。

（1）水生态规划目标。主要结合降水量和类型、土壤类型、地下水位情况、城市发展目标等，并参考我国大陆地区年径流总量控制率分区图，确定水生态控制目标。

（2）水环境规划目标。主要结合城市水环境质量要求、径流污染特征、雨水面源污染特征等，确定水环境控制目标。

（3）水资源规划目标。主要结合地下水位稳定程度，雨水收集、雨污水再利用、中水处理情况等，确定雨水资源再利用目标，以达到缓解水资源短缺问题的目的。

（4）水安全规划目标。主要结合城市竖向、内涝灾害易发点、主要的排水防涝和防洪设施分布等情况，控制城市内涝灾害，确定水安全规划目标。

2. 指标体系

在编制专项规划时，应根据城市现状、区位、城市功能定位以及社会经济发展水平等要素，对应水生态、水资源、水环境、水安全等方面的规划目标，因地制宜地提出海绵城市建设指标（图 3.67），并分解至专项规划的竖向、给水、排水、道路、绿化等各章节中，并在下一步详细规划中进一步细化分解落实。专项规划的控制指标必须依据城市气象特征、土壤特性、城市建设现状、地下水等条件综合确定，以保证海绵城市专项规划控制指标的科学性、合理性和可行性。

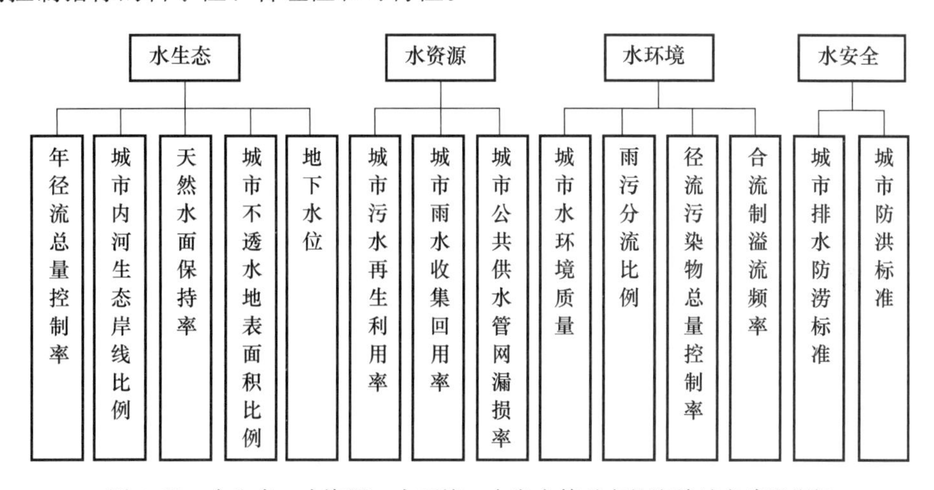

图 3.67　水生态、水资源、水环境、水安全等对应的海绵城市建设指标

专项规划层面控制指标分为强制性指标和引导性指标。强制性指标是海绵城市专项规划目标实现的刚性要求，需在专项规划中予以明确，并作为专项规划的强制性条文内容。引导性指标则是非刚性要求，作为规划实施及下一阶段规划编制的技术参考。

海绵城市低影响开发雨水系统中的透水铺装、下沉式绿地、绿色屋顶等基面设施，通过城市不透水地表面积比例予以控制；而生物滞留设施、渗透塘等渗透设施在专项规划中主要通过年径流总量控制率予以总体把控。这两个指标与专项规划中的土地利用和绿化系统规划相关，应在划分管控分区时予以分解，在详细规划中进一步细化落实。

海绵城市的污水管渠、雨水管渠和水质净化设施等常规雨水管渠系统，主要通过城市排水防涝标准确定雨水管渠系统相关规模，通过雨污分流比例和合流制溢流频率控制径流污染，通过城市污水再生利用率明确再生水利用水平，这四个指标在排水规划中予以确定。另外，在给水规划中应明确城市雨水收集回用率、城市公共供水管网漏损率和地下水位，与排水规划确定的城市污水再生利用率相衔接，同时增加非常规水源以减少新鲜水源用量，控制城市地下水位。河流、沟渠、湖泊、坑塘、湿地等超标雨水径流自然排放和蓄滞空间，通过天然水面保持率、城市内河生态岸线比例、城市水环境质量、城市防洪标准四个指标进行控制，前三指标在水系规划中落实，城市防洪标准在防洪排涝规划中落实，通过超标雨水自然系统与调蓄池、地下管涵及深层调蓄隧道等人工调蓄设施共同实现，并与年径流总量控制率相互协调。

3.7.1.4 设计策略

（1）保护现状河流、湖泊、湿地、坑塘、沟渠等城市自然水体，优先利用现状水体实现雨水调蓄与净化功能。

（2）城镇河道应按当地的内涝防治设计标准统一规划，并与防洪标准相协调。城镇内河应具备区域内雨水调蓄、输送和排放的功能。

（3）对河道的过流能力进行校核。当河道不能满足城镇内涝防治设计标准中的雨水调蓄、输送和排放要求时，应采取提高其过流能力的工程措施。

（4）水系治理应保障城市河湖生态系统的生态基流量，拦水坝等构筑物的设置不应影响水系的连通性。

（5）水系改造应有利于提高城市水系的综合利用价值，符合区域地形地貌、水系分布特征及水系综合利用要求。

（6）对入河排污口已达标排放，但水体水质仍不能满足水功能区水质目标的规划河湖，应提出污水深度处理要求，可因地制宜地采取入河（湖）前的人工湿地等生态净化措施。

（7）岸坡防护应兼顾防洪和生态保护要求，采用具有透水性和多孔型特征的生态型岸坡防护材料和结构。

（8）城市排水防涝设施建设应当统筹协调，整体提高防洪排涝能力，改造和消除城市易涝点，实施雨污分流，排水管网应当与雨水渗透、滞蓄、净化设施相衔接，控制初期雨水污染，排入自然水体的雨水应当经过岸线净化，沿岸截流干管建设和改造应当控制渗漏和污水溢流。

（9）城市河道、湖泊、湿地等水体整治应当注重保护和恢复水系生态岸线，采用生态护岸护坡，避免“裁弯取直”和过度“硬化、渠化”。

3.7.2 设计方法

3.7.2.1 现状资料调查和需求分析

（1）汇水面积划分。依据水文及水资源条件、地形地貌、地质、排水、水环境污染等下垫面情况调查；现状城市建设的竖向、管网、绿地等方面的建设情况调查；确定需求分析和现状情况是否匹配。

（2）目标合理性确定。根据所在城市区域专项规划和试点实施方案，结合项目实地情况，合理确定项目建设的年径流总量控制率、城市面源污染控制率、污水再生利用率和雨水资源利用率等相关技术指标。各类海绵城市建设指标应综合考虑区域系统性指标合理分配，在满足系统性总体指标的情况下，结合现状合理确定。

（3）方案可行性研究。分析论证各项海绵城市措施是否满足项目所在区域的防洪、排水、安全等城市建设要求；论证各类方案经济技术比选是否充分，推荐方案是否合理；论证采取各项低影响开发措施后，是否能够解决现状问题，是否达到海绵城市建设指标要求。

（4）技术方案和设施规模的选择。结合现状调查资料和项目建设目标，分析各类低影响开发技术、设施及其组合选取的合理性；分析各类设施布置的合理性，论证各类设施规模的合理性；论证设施规模计算是否正确，各项指标计算是否正确；论证雨水系统流程和雨水径流路径是否合理；论证设施植物的选择和配置方式是否合理；设施是否充分协调与道路设施、综合管线及其他相关设施之间的关系。

3.7.2.2 设计思路

1. 总体蓝线（水系）规划

按照海绵城市建设要求，城市蓝线（水系）规划应合理确定天然水面保持率等目标，明确水体调蓄功能和容量、泄流能力和规模，划定城市蓝线；并在水系保护、岸线利用、涉水工程协调等方面落实海绵城市要求。当新增水体或调蓄空间达到一定规模或与城市水系连通时，应纳入城市蓝线（水系）规划。城市蓝线（水系）规划主要有以下工作。

（1）分析、评价历史及现状水系在流域、城市、生态体系中的定位和作用，明确现状水面率，明晰水系连通、水生态、水环境、水资源、水安全等方面的现状及存在的问题。

（2）优化城市河湖水系布局，保持城市水系结构的完整性，应尽量保护与强化其对径流雨水的自然渗透、净化与调蓄功能，实现自然、有序排放与调蓄。

（3）结合城市用地布局和生态结构，综合考虑排水防涝、防洪、防潮等蓄滞需求，合理确定城市水域面积率及天然水面保持率。原则上要求开发建设后的水域面积不小于开发前，已破坏水系应逐步恢复至原有的水系；在用地允许的条件下，在地势低洼的区域可适当扩大水域面积，以提高城市水体的雨水蓄滞能力。

（4）根据竖向分析及用地情况划定滞洪区四至范围，确定滞蓄容量。根据水体汇流情况，明确具有雨洪调蓄作用的湖泊、坑塘、河流等水体，明确水域面积、调蓄容量和水位管控等措施。

（5）确定泄洪河流通道，在不使下游水文条件发生显著变化或萎缩的前提下，合理确定河流的断面流量，明确其防洪标准和断面形式、宽度、深度、水位及泄洪能力。

（6）根据现行标准《地表水环境质量标准》（GB 3838）确定江河、湖泊、运河、渠道、水库等功能性地表水域的环境质量目标，建议至少达到对应的地表水功能区划标准，且不得劣于现状水质。

（7）优化岸线形态，保护和修复生态岸线，改造硬质岸线。岸线改造应体现“保护优先”的原则，在岸线利用时，将具有生态特征和功能的水域岸线划定为生态岸线。对于一些水生态功能受损、过度硬化的“三面光”的河道，在满足防洪要求的前提下，提出生态修复方案。在生产性、生活性岸线周边，在满足防洪要求的情况下，应结合周边开发功能及建设形态，合理布局河岸缓冲带、生态滤池等水质保护措施，将硬质岸线优先改造为自然岸线，将水体利用与游憩休闲设施结合，与滨水空间特色、城市形象相协调，塑造亲水空间。

（8）对于国土空间规划区内的河湖、坑塘、沟渠、湿地、滞蓄洪区等需要划定蓝线的对象进行分析，提出蓝线控制的范围，科学划定城市蓝线，明确受保护水域的面积和基本形态，并提出控制要求和措施。

2. 总体防洪规划

城市防洪规划主要承载了海绵城市的超标雨水径流排放，是海绵城市的组成部分。

(1) 现状分析。对城市防洪风险情况，以及主要高风险区域和薄弱区域的分布情况进行调研分析；对城市主要的排水、防涝、防洪设施的规划设计标准及分布，以及城市历史洪水和内涝灾害情况进行调研分析；对江河湖海等超标雨水排放系统的水位、流量、流速、水量、洪水淹没界限等水文资料进行调研；了解掌握大的河流流域范围、布局等现状情况；对现有的超标雨水径流系统的设施位置、规模、设计标准、建设情况进行调研分析。

(2) 根据城市的等级和人口规模，合理确定城市防洪系统的设计洪水或潮水重现期和内涝防治系统的设计暴雨重现期。

(3) 梳理城市现有自然水系，优化城市河湖水系布局，保持城市水系结构的完整性，实现雨水的有序排放、净化与调蓄；将受破坏水系逐步恢复至原有自然生态系统状态；在用地条件允许的情况下，地势低洼的区域可适当扩大水域面积。

3. 详细蓝线（水系）规划

(1) 结合国土空间总体规划和蓝线（水系）规划所确定的规划区水域面积，细化并落实水面率、水系保护、水系利用等要求。通过对规划区现状条件的深入分析和评估，将水面率分解至本规划范围内各个单元地块，条件允许情况下可根据高程分析，划定地块建议的水域位置，以指导地块下一步的系统化实施方案的编制。

(2) 根据规划区现状，分析水体、湿地、洼地、自然径流通道、洪泛区等水文敏感区，深化总体规划确定的蓝线保护范围，明确界址坐标、规模。

(3) 细化落实总体规划确定的规划区水系的生态岸线、滨水缓冲带等相关规划要素，明确其形态、断面、尺度和材料等内容，并将其分解至详细规划单元地块，以确定地块生态岸线要求。

(4) 落实总体规划相关内容和要求，将规划湿地等生态修复区域纳入蓝线控制范围。

(5) 衔接蓝线内布局的水系、岸线、湿地、给排水设施等的布局。

3.7.2.3 设计指引

城市水系在城市排水、防涝、防洪及改善城市生态环境中发挥着重要作用，是城市水循环过程中的重要环节，湿塘、雨水湿地等低影响开发末端调蓄设施也是城市水系的重要组成部分，同时城市水系也是超标雨水径流排放系统的重要组成部分。城市水系的水质保障主要以降低排水系统的污染为主，以提高水系本身的自净能力为辅，大部分的城市水系流速较低，近似湖泊，自净能力较弱。进入水系的雨水要尽可能通过岸线边的人工湿地、湿塘等进行净化。

城市水系设计应根据其功能定位、水体现状、岸线利用现状及滨水区现状等，进行合理保护、利用和改造，在满足雨洪排泄等功能条件下，实现相关规划提出的低影响开发控制目标及指标要求，并与城市雨水管渠系统和超标雨水径流排放系统有效衔接。城市水系低影响开发雨水系统典型流程如图 3.68 所示。将水系作为防治内涝、接收洪水的调蓄空间一并设计，通过排水管网数学模型和水系模型确定两者的水位关系。应考虑水系的生态连通、鱼游通道，保护水系生态。

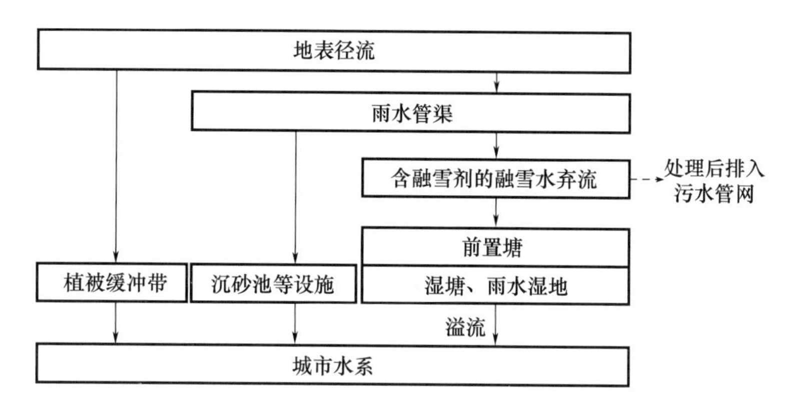

图 3.68 城市水系低影响开发雨水系统典型流程示例

1. 确定保护和改造方案

应根据城市水系的功能定位、水体水质等级与达标率、保护或改善水质的制约因素与有利条件、水系利用现状及存在问题等因素，合理确定城市水系的保护与改造方案，使其满足相关规划提出的低影响开发控制目标与指标要求。水质保护目标可达性分析应以水环境容量计算为依据，不能达到目标的必须调整水质保护措施。在技术可达基础上，还宜进行经济可达性分析，对由于城市经济发展水平不足而不能支持规划所提治理措施建设的，应对城市规模和产业布局进行调整，必要时也可适当调整水质目标，但城市集中饮用水源水质不得低于Ⅲ类，其他水体也不得低于Ⅳ类。

2. 应保护现状河流、湖泊、湿地、坑塘、沟渠等城市自然水体

水体、岸线和滨水区应作为整体进行水域保护，包含水域保护、水生态保护、水质保护和滨水空间控制等内容。水域控制线范围内不得占用、填埋，必须保持水体的完整性；对水体的改造应进行充分论证，确有必要改造的应保证蓝线区域面积不减少，根据《城市水系规划规范》（GB 50513—2009）要求划定水域保护范围：

（1）有堤防的水体，宜以堤顶临水一侧边线为基准划定。

（2）无堤防的水体，宜按防洪、排涝设计标准所对应的洪（高）水位划定。

（3）对水位变化较大而形成较宽涨落带的水体，可按多年平均洪（高）水位划定。生态堤线布置应结合工程所在地实际地形、地质条件，根据河道防洪排涝的要求，兼顾生态环境保护和创造良好景观的需要，考虑城市整体建设规划及技术经济合理等因素开展。一般情况下，堤线布置应以不侵占现有河道为原则，以保证不减小现状河道的行洪断面。堤线布置需要考虑的因素有：国土空间总体规划、防洪排涝规划、河道过流要求、地形地质条件、景观要求、用地要求、移民拆迁要求、工程投资要求等。

3. 水生态系统设计实现水生态的修复除需要采取截流污水、清淤疏浚等措施对污染源进行控制外，还需要通过建立平衡健康、良性运行的水生态系统来实现。对于水生态系统构建，应在确保水源水质的基础上，以水环境综合整治、水生态修复为核心，结合水景观建设，通过对河道进行生态治理、构建河道滨岸湿地带、人工湖泊水生态系统打造及湿地建设、沿岸绿化等措施，构建起“水安全、水环境、水景观、水文化、水生态相互协调和有机组合的水生态环境系统”，打造绿色生态城市。同时水生态系统的打

造、构建有生命力的河道和湖泊、实现稳定的水生态系统，对有效减少水系补水量的需求意义重大。

（1）水生态设计原则。

①营造稳定自然的水生生态系统，优化水体自净能力。

②营造生态型驳岸，保证水土安全，并改善滨岸对污染的吸收能力。

③构建地带性顶级滨岸带植被群落，改善滨岸带生物多样性，提升滨岸带的吸收能力，同时通过采用本地植栽降低维护成本及灌溉用水需求。

（2）河湖生态化营造。结合场地水系功能布局、各河槽结构及水生态环境愿景，从生态系统、生态驳岸与生态植栽各角度出发，因地制宜地对城市水系实施生态化打造，分别营造生态漫滩型、生态景观型和生态旱溪型河道。通过水生、湿生植被构建，优化沿岸湿地植被水质维护能力，强化水土保持功能，改善包括动植物在内的生物多样性，提升地方生态景观特色。

（3）生态食物链设计。完整的食物链可增强生态系统的稳定性，提升区域生物多样性程度，加强生态系统的净水生态功能。通过营造典型生态河道断面，形成食物链系统。在适当条件下，也可投放部分动物，协助食物链形成。

（4）应充分利用城市自然水体设计湿塘、雨水湿地等具有雨水调蓄与净化功能的低影响开发设施，湿塘、雨水湿地的布局、调蓄水位等应与城市上游雨水管渠系统、超标雨水径流排放系统及下游水系相衔接。在条件允许的情况下，河道的水面线尽量不高于市政雨水管渠排放口的管底高程，以便使雨水顺畅自流。

（5）应充分利用城市水系滨水绿化控制线范围内的城市公共绿地，在绿地内设计湿塘、雨水湿地等设施调蓄、净化径流雨水，并与城市雨水管渠的水系入口、经过或穿越水系的城市道路的排水口相衔接。

（6）滨水绿化控制线范围内的绿化带接纳相邻城市道路等不透水面的径流雨水时，应设计为植被缓冲带，以削减径流流速和污染负荷。当城市水体与周围用地之间坡度太大时，可结合实际情况设置台阶式绿地。

（7）有条件的城市水系，其岸线应设计为生态驳岸，并根据调蓄水位变化选择适宜的水生及湿生植物。

（8）生态驳岸设计原则。生态驳岸设计首先应遵循《堤防工程设计规范》（GB 50286—2013）对护岸工程设计的基本要求，并协调统筹考虑安全性、稳定性、景观性、生态性、自然性和亲水性的原则。具体为：

①在满足河道防洪排涝要求的前提下，应充分考虑其生态、景观和休闲功能。

②在满足防冲、防淤要求的同时，尽量采用软质、生态的护岸防护形式。

③应满足边坡稳定要求，根据不同的周边环境及河道的定位，尽量采用不同的断面形式。生态驳岸设计应与水景观、水生态、水环境保护设计相结合。

（9）生态驳岸基本断面确定。生态驳岸形式选择需考虑的因素：从河道尺度、河湖功能、水动力条件、空间位置与占地、地形地质条件、筑堤材料、工期、工程投资、环境影响与景观要求、运行条件等方面，结合工程现状，通过综合方案比选，选定水系的生态驳岸形式。生态驳岸根据功能及结构形式可分为：生态型台阶驳岸、生态型人工草坡驳岸、生态型亲水驳岸和生态型自然驳岸。

（10）地表径流雨水进入滨水绿化控制线范围内的低影响开发设施前，应利用沉淀池、前置塘等对进入绿地内的径流雨水进行预处理，防止径流雨水对绿地环境造成破坏。应采取措施对含融雪剂的融雪水进行弃流，弃流的融雪水宜经处理（如沉淀等）后排入市政污水管网。要充分考虑错误接管导致的非降雨期来的污水，必须通过水泵排入污水系统送至污水处理厂，或通过人工湿地或者土壤渗滤池进行净化处理。

（11）低影响开发设施内植物宜根据水分条件、径流雨水水质等进行选择，宜选择耐盐、耐淹、耐污等能力较强的乡土植物。

（12）对于淤积严重、河底抬高影响行洪、受污染的污泥对河道水环境造成破坏的河道，应对其进行清淤疏浚，清理受污染的污泥以改善河道水环境，清除河道淤积物以恢复河道的正常行洪、排涝和调蓄功能。对于城市河湖应定期进行清淤疏浚，清淤后的底泥应进行妥善处置。

（13）充分考虑地下水系统的交互作用，在整个海绵系统的构架中，考虑地下水的年内变化，与河流水的补给关系。

（14）城市水系设计的一般流程。应根据城市水系的功能定位、水体水质等级与达标率、保护或改善水质的制约因素与有利条件、水系利用现状及存在问题等因素，在满足雨洪排泄等功能条件下，合理确定城市水系的保护与改造方案，使其满足相关规划提出的低影响开发控制目标与指标要求，并与城市雨水管渠系统和超标雨水径流排放系统有效衔接。

①根据历史河流、城市的生态保护区、生态廊道，以及周围相关水系关系、城市排水系统的构架、期望的国土空间规划，确定水系的基本构架。把水系作为城市次级交通系统等，综合考虑水系的其他文化、历史、休闲功能。

②确定整个水系的循环系统、水质保障系统（生态湿地、生态岸线工程等），水系控制系统（通航、泵站、水位控制系统、跌水坝等）、洪水的淹没区域等。

③建立一维排水管网水动力模型，计算整个排水系统进入城市水系的流量。确定城市排水内涝时与河流的水位关系等。

④建立全流域的集水区水文水质模型，对其集水区（含郊区的农业区，城市排水系统等）进行污染源、污染量、处理方案的设定（雨水塘、雨水湿地容积和土壤渗滤池的面积等），计算最终进入河流中的污染物，预计水质情况。

⑤建立水系水动力模型，和排水管网的数学模型进行耦合，通过模型计算确定整个水系。比如洪水水位线（防洪堤的标高等、所有的水系及支流、明渠的断面尺寸、泵站容量、水坝的标高、调蓄洪水的空间、桥梁等过水断面等）。

⑥详细的水系平面流线设计，与城市道路、桥梁等结合。联系地形、地貌及其他景观，根据蓄洪区、生态湿地的生态功能的需要，确定理想的河流断面、水系纵断面等。

⑦通过水系模型软件对步骤5中提出的新断面进行重新模拟，直到模型和实际的设计符合要求。

（15）水环境评价与水动力、水质模拟分析周边水文水资源及水环境质量现状，评价水系工程的水源合理性分析及对周边水环境的影响；围绕如何保护水环境良性循环开展工作，建立水质数学模型和水动力数学模型，研究分析影响水系的水流特性的外部因素，对比分析不同外部条件下的水流及水质状况，对可能存在的水体富营养化问题进行简要分析，提出水系的水动力特征和污染物时空分布计算结果。建立水质数学模型和水动力数学模型，一般可使用 EFDC、SMS、MIKE11、MIKE21 等模型开展工作。

（16）城市水系低影响开发雨水系统的设计应满足《城市防洪工程设计规范》（GB/T 50805—2012）、《堤防工程设计规范》（GB 50286—2013）中的相关要求。

3.7.3 案例

以某市城区河道综合整治工程为例，对海绵城市在城市水系中的应用解析如下。

3.7.3.1 规划思路

1. 整体思路

首先，对该市各部分现状进行调研，收集和整理相关水文气象、地形地貌、生态条件、社会经济、上位规划和其他相关规划内容。在现状调研和资料梳理整合的基础上，分析该市水资源、水环境、水文地质与水涝敏感区及现有基础设施等现状条件。

其次，在明确现状的前提下，识别该市在水生态、水环境、水资源、水安全等方面需解决的核心问题，并以问题为导向，从以上几方面提出该市海绵城市建设的总体目标及具体指标。

再次，为实现保护生态环境、削减径流污染、缓解城市内涝、节约水资源的总体目标，分别从雨水径流（包括径流污染）控制、河道生态岸线恢复、排水防涝、雨水资源化利用等方面，按海绵分区制定不同的海绵管控指标和控制策略。在该市海绵城市建设规划的基础上，选取海绵城市近期建设相应的排水分区，针对近期海绵城市建设总体目标和具体指标，提出海绵城市建设工程体系，明确各工程建设任务及投资。

最后，为保证海绵城市建设的顺利进行，从组织保障管理、规划衔接、制度体系、资金保障以及监测考核系统等方面构建海绵城市建设的保障体系。

2. 排水区域划分

根据总体规划、排水工程规划所确定的排水体制，结合受纳水体保护目标和城市排水系统现状，本次规划按照完全分流制排水体制进行规划。该市共分为甲工业物流区雨水系统、乙河雨水系统、甲河雨水系统、乙工业园区雨水系统、丙工业园区雨水系统、某区雨水系统、某海雨水系统等 7 个雨水排水分区（图 3.69）。

3. 河道整治海绵设施

为实现河道整治目标，满足河道景观蓄水功能，保持蓄水水质，必须对甲河、乙河及丙河河道进行综合治理，保证河道水质达到景观水质要求，实现整个城区河道水系水质的稳定。具体措施包括标准堤防整治、修建管理路及截污管敷设、主河槽疏浚裁滩、拦蓄水工程及相关景观设计工程施工。

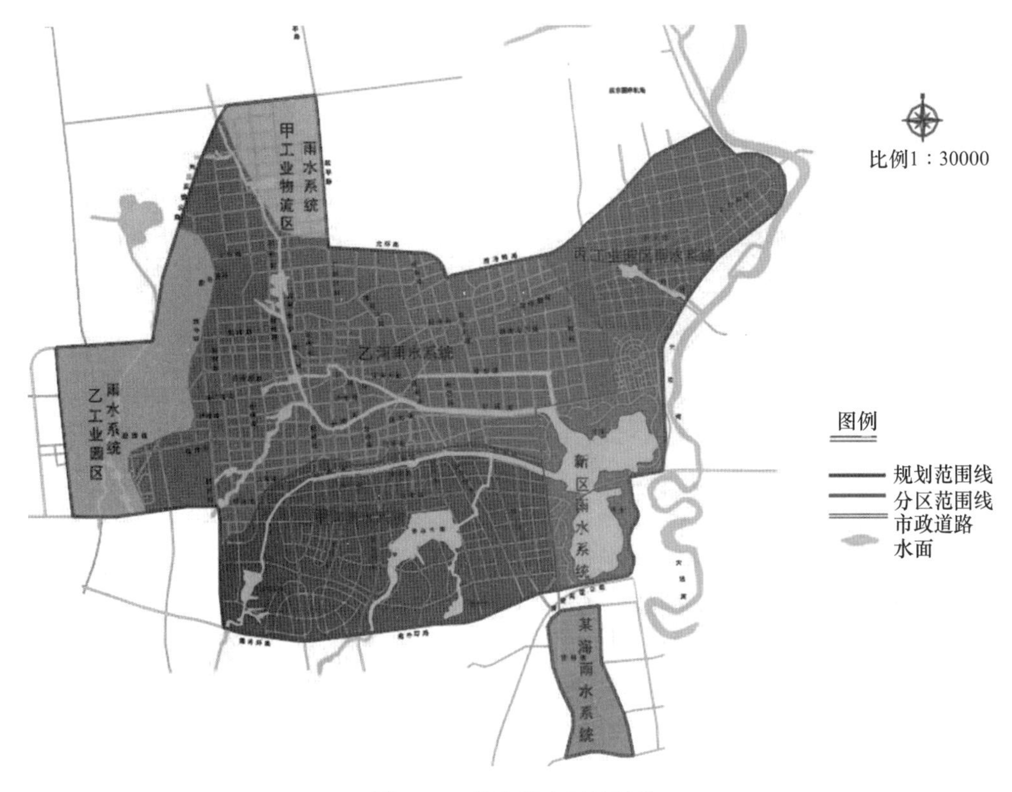

图 3.69 某市排水区域划分

3.7.3.2 项目概况

该市以“水色如胶”而得名，曾是一个水资源非常丰富的城市。20 世纪 80 年代开始，随着经济繁荣、土地价值提升、人口规模增长，城区内外水域大幅缩减，甚至消失，昔日水网密布的景色不再。河道周边没有系统的雨污水收集排放体系，沿河村庄、工厂等污水直排进入河道，河道内杂草丛生、污水横流、淤塞严重，影响了河道的泄洪能力。

该市城区有三条主要的河道，分别为甲河、乙河、丙河，简称“三河”。2009 年 1 月，该市十五届人大二次会议将“三河”整治列为一号议案，市委、市政府高度重视，坚持“以人为本、人水和谐”治河理念，按照“防洪是根本，截污是关键，水质是保障，景观为依托”的整治思路，从截污减排、城市防洪、水源补充、水质净化、绿化照明、道路桥梁等六个方面入手，精心设计“以水为轴、以绿为体、以文为脉”的城市生态新景观，不断完善城市水系统和绿地系统。“三河”整治工程概算投资 10.5 亿元，其中，利用贷款 4500 万美元，利用贷款进行水资源项目建设在青岛市尚属首次。

3.7.3.3 项目主要建设内容

1. 沿河截污改造

方案设计针对目前该市老城区现有排水管渠大部分为雨污合流管渠的现状，在河道两岸结合现有污水排放体系铺设雨污管网，对沿河排污口进行全部截污改造，对具备雨污分流条件的地段增设雨水管道进行雨污分流，逐步实现雨污分流，完善城市排水体系，有效解决河道水质污染问题（图 3.70）。

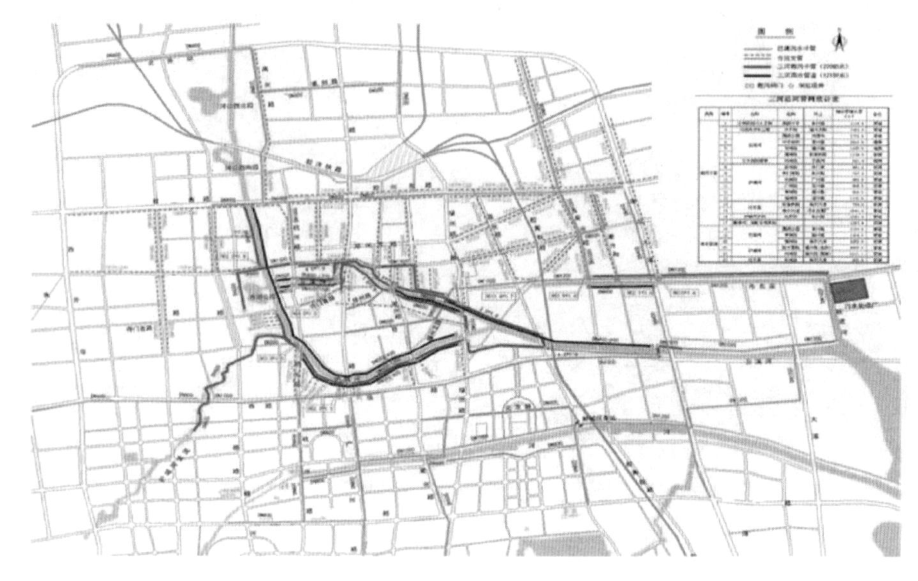

图 3.70　三河管网示意图

2. 河道水系整治

按照 50 年一遇的防洪标准，正确处理远期与近期、投资与效益、保护与开发、景观与效益等关系，对甲河、乙河、丙河和市东渠全长约 24km 范围进行整治。保持主河槽宽度基本不变，对局部河道束窄处进行拓宽，并对河道进行清淤、清障，采用复式断面进行两岸砌护，新建 12 座钢闸坝满足河道蓄水要求，保证河道泄洪能力。

3. 水质净化及水源补充

该市城区河道属于季节性河道，无活水来源，水体无法实现循环流动，死水水质极易变差。为改善河道内水质及景观用水问题，经专家多次论证评审，确定《城区河道水质净化方案》。方案设计在市东渠西端修建补给水净化厂 1 座，水厂总设计处理能力每天 10 万 m^3，一期建成每天处理 5 万 m^3。补给水净化厂利用污水处理厂尾水作为水源，采用“复合生物-生态法”，首先污水处理厂尾水通过整治后的市东渠即“复合生物-生态处理渠”进行处理，经处理后的水由提升泵房提升进入补给水净化厂，通过普通幅流沉淀池及多级净化塘进行生态处理。净化厂出水通过补水泵站由沿河铺设约 5km 压力管道提升至西湖公园，补充乙河、丙河景观用水，利用压力管道直接补充甲河景观用水，三条河道最终汇入大海，对其水质的改善具有积极的推动作用。

4. 打造优美滨河休闲空间

以维护城区水体整体性、功能性需求为基础，坚持以人为本，塑造优美宜居的“三轴五节点”城市滨河景观。三轴即乙河商埠文化轴，护城河休闲生态轴和市东渠城市水上绿轴。五大主题节点即甲河公园、某公园、乙河老城区、某广场和乙河湿地公园（图 3.71～图 3.73）。

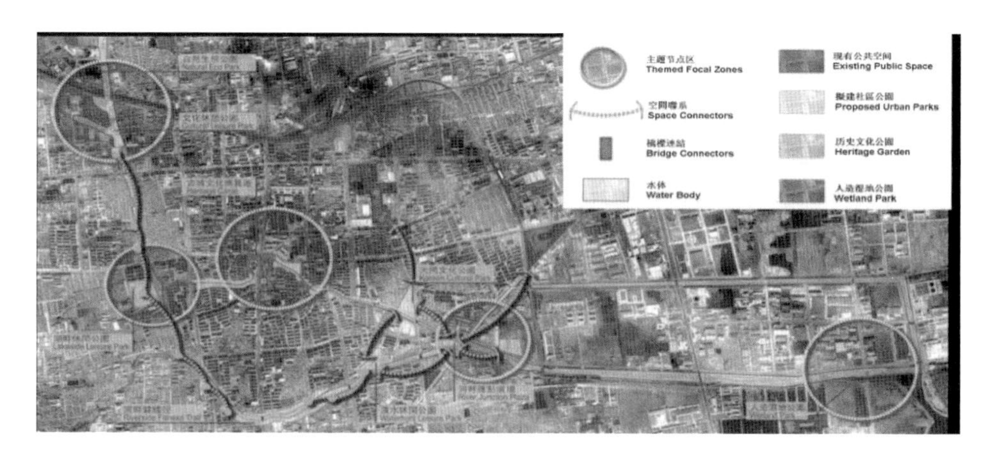

图 3.71 景观总方案

图 3.72 某公园

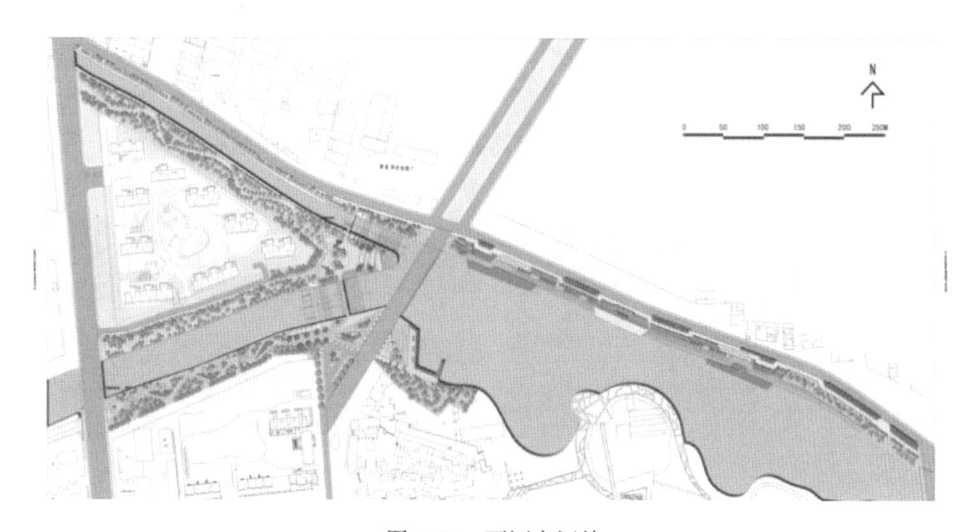

图 3.73 两河交汇处

3.7.3.4 项目建设成果

项目前期规划设计过程中，坚持“把好水留在当地、把污水经过处理后也留在当地”的原则，涵养、增补城市水源，让河道水变成流动水、干净水、景观水。项目建设完善了胶州城区的雨污水排放体系，提高了城市污水收集率，增强了城市防洪能力，改善了水资源环境，实现了人与自然和谐统一，促进了经济、资源、环境协调发展，真正让“三河”成为美丽的河、清澈的河、繁荣的河，成为该市的景观带。

1. 水生态方面

通过三河整治工程恢复部分城区河道生态岸线，修复河道水生态。结合生态岸线恢复，提高河道排水能力、改善水质。扩大现状水体或开挖连锁水面，充分涵养水源，构建生态绿地。河道内设置钢闸坝拦截蓄水，形成河道阶梯式水体。同时，建立河道生态护坡和河道水体生态系统，对河水进行生物生态深度净化，使拦蓄河水与周围地下水进行交换互补，满足水质净化、水源补充的要求（图 3.74、图 3.75）。

图 3.74 乙河下游生态护坡

图 3.75 某公园

2. 水环境方面

全面实施雨污管网改造工程，确保旱流污水不入河。按照治河先治污的原则，对沿河 260 处污水直排口逐一完成改造。结合已建成的污水管道，对部分原有沿河暗渠、管道加大过水断面改建，同时根据沿河两岸排污口实际情况对新建管道进行截流，对具备雨污分流条件的地段增设雨水管道进行雨污分流，对暗渠入河口进行改造。沿河共铺设雨水管道 12159m，污水管道 22200m，设置截污闸门 9 处（图 3.76）。

图 3.76 丙河暗渠改造前后对比

实施绿化、照明工程，打造滨河休闲空间；新建、翻建道路桥梁，保证沿河交通，方便市民出行。以维护城区水体整体性、功能性需求为基础，坚持以人为本，塑造优美宜居的“三轴五节点”城市滨河景观（图 3.77～图 3.79）。

图 3.77　乙河上游河道治理前后对比

图 3.78　乙河下游治理前后对比

图 3.79　甲河南园治理前后对比

3. 水安全方面

依据该市总体规划，以河系为单元，建设以河道堤防为基础、河道行洪综合治理为骨干的城市防洪工程。“三河”及市东渠保持现状河道宽度基本不变，按设计河底高程对河道清淤清障，局部河槽进行拓宽，巩固堤防；整治部分影响泄洪的桥梁，减少阻水壅高；根据实际需要新建钢闸坝，满足蓄水要求。实施河道清淤清障、生态护坡、加固堤防，城区河道达到 3 级堤防、50 年一遇防洪标准。累计完成清淤 316 万 m^3，石砌护岸 34km，生态护坡 17 万 m^2（图 3.81）。

图 3.80 河道生态护坡、河道清淤护砌

4. 水资源方面

采用污水处理厂尾水为补充水源，实现水资源可持续利用。通过净化水厂和补水管道建设，实现水源补充及水系循环，逐步改善河道水质。建成规模为 5 万 t/d 的补给水净化厂一座，充分利用污水处理厂尾水补充“三河”的景观用水。通过升级改造曝气生物滤池和磁混凝沉淀池，使出水水质达到准Ⅳ类标准，解决了城区河道无活水源、水体无法实现循环流动、死水水质极易变差的问题，并最终循环流入大海。按供水季 8 个月计算，补给水净化厂年供水量约 1200 万 m^3。现状城区污水处理厂处理规模为 10 万 t/d，污水再生利用率已达到 50%（图 3.81～图 3.83）。

图 3.81 某公园补水后

图 3.82 水质净化厂多级净化塘曝气

图 3.83 甲河公园北园水库

5. 后期养护管理方面

竣工河段纳入市政、环卫、园林统一管理，提高精细化管理程度。制定河道清洁标

准及工作任务，以河划块、属地管理，建管并重，成效显著。组织相关街道办事处实施过城河道清洁行动，将河道清洁工作责任到人、落实到位，结合城市管理进行宣传，引导市民积极维护河道洁净。

“三河”整治工程惠及民众、服务民生，对城区河道进行综合整治，改善和保护该市生态环境，促进经济可持续发展。项目建成后，生态岸线逐渐恢复，建成后水域面积保持率为100%，城区热岛效应缓解；增加污水收集和处理范围，提高污水再生利用率达到50%；水环境质量的改善取得了非常明显的效果。与2008年相比市东渠COD值减少361mg/l，同时改善和维护了该市水质（图3.84、图3.85）。

图3.84　河道保洁图

图3.85　市政管网养护

4 模型技术

4.1 模型原理

排水管网模型涉及众多的自然和人工设施要素，如地表街道、污水管网、雨水管网、合流制管网、明渠、水库、天然河道等，因此排水管网模型具有结构复杂和模拟参数多的特点。通常，排水管网模型的模拟过程由三部分构成，即地表径流过程模拟、径流污染过程模拟和管网传输过程模拟，如图 4.1 所示。

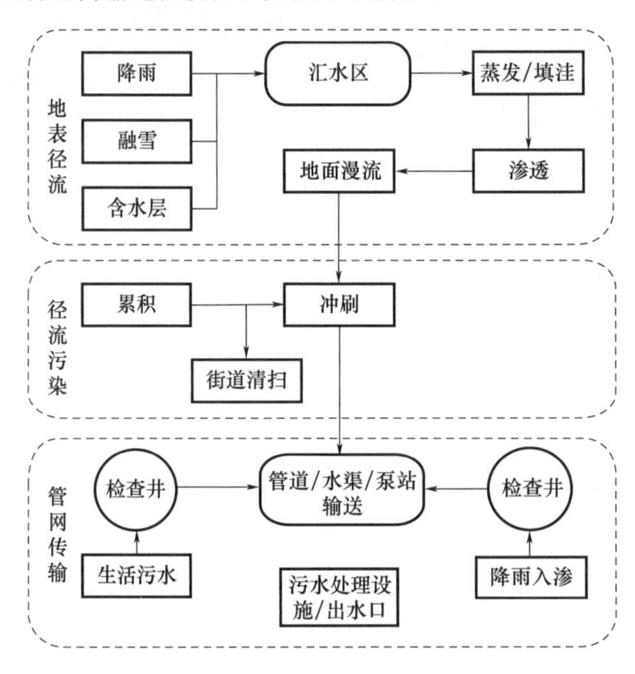

图 4.1 排水管网模型结构示意图

地表径流过程模拟主要是描述降雨事件发生后，汇水区发生的洼地蓄水、蒸发和入渗等径流损失，以及生成城市地表径流的过程，它包括输入降雨过程，计算径流损失、净雨量和地表汇流过程。径流污染过程模拟主要是描述各种污染物组分在地表旱季的累积过程和雨季随径流过程进入排水管道的冲刷过程。管网传输过程模拟主要是描述雨污水汇流后由排水管网输送到受纳水体或污水处理厂的过程，其核心部分是管网汇流的计算，即管道中水流由上游向下游运动的演算过程，并从中确定系统各节点和管道的流量、水深、流速和水质等状态信息。

通过分析国内外雨水系统规划设计方法，在借鉴国外先进技术和经验的同时，结合我国目前的经济技术水平和案例实践，在规划设计中应用雨水系统数学模型的基本流程如下（对于具体案例情况，应对基本流程适当调整）。

（1）明确研究对象和研究范围。确定研究对象，考虑研究对象与相邻雨水系统的影响关系，确定研究范围。

（2）现状资料收集与整理。围绕研究对象，在研究范围内进行雨水系统现状资料、设计资料以及监测资料的收集与整理，为后续工作奠定基础。

（3）建立雨水系统模型。雨水系统模型包括现状系统模型和规划模型两类，分别用来进行现状评估和规划方案分析（包括超标降雨风险分析），两类模型构建均包括标准数据库的建立、模型软件的选取、暴雨雨型的确定、模型参数率定等工作。

（4）规划设计标准确定。无论是建成区雨水系统改造还是新建区雨水系统规划，均需要根据实际情况和相关法规要求，确定雨水系统规划设计标准，以指导规划方案的制定。

（5）规划方案确定。应根据确定的规划设计标准编制方案。

（6）模型模拟评估及优化调整。对于规划方案，应建立规划系统模型，利用规划模型模拟，最后根据模拟结果对规划方案进行优化调整。

我国已有较多城市开展了相关建模工作，并取得了一批成果，后续工作应在以上工作成果的基础上进行。在模型构建和测试报告或者章节中应该包括以下内容：①模型软件选择；②数据检查、数据标签设置、缺失数据推断；③模型简化说明；④产汇流模型选择；⑤模型参数设置（和率定）；⑥模型稳定性测试。同时，随着城市开发建设的进行，经过验证的成果模型和实际情况之间会存在差异，模型工程师应对这些差异进行分析评估并对方案进行相应调整。这些差异包括但不限于：①系统功能性变化，如管渠淤积或清淤导致的粗糙系数或过水断面变化；②系统结构性变化，如进行管网改造或增加泵闸等；③地块用地性质变化。

4.2 模型介绍

水文模型是指采用计算机模拟等方法将复杂的水文现象和过程概化后给出的近似的科学模型。国内外水文模型种类繁多，按类型可分为水文物理模型和水文数学模型两种。按是否开源可分为开源模型和非开源模型。按模拟尺度可分为设施模型、地块模型、流域模型等。按功能可分为点源（非点源）污染模拟、水文水动力模拟、泥沙模拟、管网模拟、降雨径流模拟、内涝模拟等城市排水管网模型。

水文水利模型是海绵城市建设的重要技术保障，利用计算机模型模拟不仅可以控制建设目标的完成情况，还能在工程经济方面设计最优配置。计算机模型的应用在海绵城市建设中具有不可替代的作用。主要介绍以下几种国外常用的模型。

4.2.1 SWMM 模型

SWMM 模型是一个对城市区域排水系统的水量和水质变化规律进行综合模拟分析的计算机模型。SWMM 模型将城市排水管网系统中的水文和水力要素概化为管线（Link）、节点（Node）和汇水区（Catchment）三种类型。用非线性水库模型模拟地表径流，用圣维南方程演算管网的输送过程，用累积-冲刷模式模拟地表径流的污染。SWMM 模型可用于城市区域降雨径流、合流制管道、污水管道和其他排水系统的规划设计、情景分析和方案评估等多个方面，包括为控制城市内涝而设置的各类排水设施的选择与设计、为减少合流制管网溢流（Combined Sewer Overflow，简称 CSO）而制定管理策略、为掌握入流和入渗对污水管溢流的影响而进行系统评估、为开展城市非点源污染研究以减少雨季非点源污染负荷而制定控制措施等。在基础数据满足建模要求的前提下，SWMM 模型也可应用于非城市区域的分析与模拟。

SWMM 模型从 1971 年由美国环保署（USEPA）资助开发，目前已经历了五个阶段，即 1971 年的 SWMM1、1975 年的 SWMM2、1981 年的 SWMM3、1988 年的 SWMM4 以及 2005 年的 SWMM5，其中 SWMM5 实现了从 DOS 到 Windows 可视化界面软件系统的飞跃，当前版本 5.0 可以对研究区输入的数据进行编辑、模拟水文、水力和水质情况，并可以用多种形式对结果进行显示，包括对排水区域和系统输水路线进行彩色编码，提供时间序列曲线和图表、坡面图以及统计频率的分析结果。

4.2.2 MikeUrban 模型

MIKE 系列模型中产流模块采用的是前损法和固定径流系数法，参数主要涉及初损、平均表面流速、水文衰减系数等；汇流模块提供了四种计算方法，即时间面积曲线、动力波模型-非线性水库、线性水库和单位水文过程线，具备仿真度高、模拟数据结果与实测数据高度吻合的优点，其功能非常强大，在欧洲、澳洲、中国香港、中国台湾等地区广泛应用。

MikeUrban 是 MIKE 系列水动力模型之一，可以利用该模型以相关规划目标为前提条件，将现有流域状况或规划改造后的状态，作为模型的边界条件，对城市地表集水区和排水管网进行动态模拟，包括现状管网排水能力评估以及风险评估、内涝发生的时空分布分析、不同控制方案的规划和筛选等。

MikeUrban 有完整的城市管网模型和 GIS 环境，分为供水系统（MikeUrbanWD），排水系统（MikeUrbanCS），其排水管网模拟模块包括降雨径流模块、管流模块、控制模块（RTC）、污染物传输模块（PT）等。管流模块基于动态流一维 St. Venant（圣维南）方程来进行管流模拟，认为水流变量沿管道横断面没有变化。这种算法对边界和管网的连接提供了很高的效率和准确度。

MikeUrban 在产流计算模块一般采用固定径流系数法，所需要参数主要是不同种类地表的径流系数。该模型在汇流计算部分提供了时段单位线法、等流时线法、非线性水库法等不同的方法。其中，等流时线法所要求的参数主要为地表汇流速度和地表平均汇流时间。在管网模拟部分，与 SWMM 模型及 InfoWorks 模型一致，是基于一维圣维南方程进行管流模拟，需要的参数主要是管道曼宁系数。

4.2.3 InfoworksICM 模型

InfoworksICM 是英国 Wallingford 公司研发的排水模型软件，是该领域内采用最广泛的模拟软件之一。InfoWorksCS 是 InfoworksICM 的早期版本，它也是较早提出在城市排水管网中将水力及水质进行结合的综合模型软件。模型在早期是由降雨径流模型（WASSP）、水质模型（MOSQITO）和压力流动力波管道模型（SPIDA）及非压力流管道模型（WALLRUS）4 部分组成。后来，HRWallingford 公司用 HydroworksQM

模型取代其中的 WALLRUS，MOSQITO 模块。该模块主要用于计算水质及管道沉积物的形成与迁移，并于 1998 年集成到 InfoWorksCS 中。

软件采用分布式的模型模拟降雨-径流的过程，它将管网进行详细的集水区划分，并根据地面的位置以及不同组成要素的地面产流特征对集水区进行划分，以此提高模型的准确性。对每个子集水区的参数进行一系列相应定义和表征，在此基础上，根据集水区空间划分以及不同产流特征的表面进行管网径流计算。其主要的计算单元有初期损失、产流计算、汇流模型等。

目前，城市排水管网模型主要分为水文模型、水力模型以及综合模型。水文模型主要是利用黑箱模式或者灰箱模式对降雨的产汇流进行相关的模拟。水力模型主要的研究对象为管网中流速、流量等水力要素值，其工作原理是利用微观物理定律或者连续性方程对坡面以及管网中的雨污水进行模拟。综合模型顾名思义，是对水文模型以及水力模型的综合运用，包括管网中水力要素及污染物等的模拟研究等。InfoworksICM 软件即综合模型，它是以工程经验或者理论为基础的传统排水软件，具有不受条件限制、运算速度快、用时少、兼容性好等优点。

4.2.4 鸿业暴雨排水和低影响开发模拟系统

鸿业暴雨排水和低影响开发模拟系统是在 AutoCAD 环境内二次开发的国内首款模型法暴雨排水及低影响开发模拟系统。主要应用于未开发场地、规划（建成）小区及厂区、城市雨水管网单流域和多流域等暴雨排水及低影响开发模拟系统。

鸿业科技作为国内市政管线设计软件的第一供应商，根据行业的发展方向，紧密结合设计院业务的发展需要，在鸿业暴雨排水模拟软件的基础上开发出“鸿业暴雨排水和低影响开发模拟系统 2.0”，并于 2015 年 10 月通过住房城乡建设部鉴定，入选《海绵城市建设先进适用技术与产品目录（第一批）》。

该软件符合室外排水设计标准，可以识别各种电子地图，形成三维数字高程模型，根据规范（手册）暴雨强度公式、重现期、降雨历时和峰值系数自动按照芝加哥暴雨模型计算生成暴雨模型。可以根据已有暴雨模型生成其他时间递进性（时间差）暴雨模型。直接利用鸿业管线软件生成管道、节点、汇流面积、地形等数据。对于现状管网，可以采用定义方式快速得到管网模型，自动划分汇流区域、自动根据三维模型计算得到节点地面标高。按照就近原则自动进行地块与节点的汇流关系确定，通过图形方式定义和表示地块与地块之间、地块与节点之间的汇流关系，汇流关系调整方便。自动提取图形数据进行一维管道模拟，计算结束后即时给出积水节点、形成洪流（过流能力不足）的管道，方便判断方案可行性。采用图形方式向图面布置蓄水池、水泵、堰、分流器、孔口等。采用管道系统＋地面排水通道相结合的二维模拟方式，结合三维城市地形、三维建筑物等地形地物进行模拟计算、淹没分析。采用工程和方案的概念，工程内部可以保存多种计算方案，便于进行多方案技术比较。方便进行低影响开发技术参数定义，为“地区改建时，相同重现期设计暴雨时改建后径流量不大于改建前径流量”提供判定依据。通过颜色直观显示积水节点、发生洪流管道和淹没区域。通过多方案对比的方式显示排出口节点的流量变化曲线，指定管道的流速、流量、充满度等变化曲线，动态显示降雨过程淹没范围线变化，自动标注各淹没区最大范围、最大积水容积、最大水深点和最大水深数值。以 CAD 图形方式、曲线图方式、Excel 或 Word 报表方式显示计算结果。

4.3 模型建立与参数验证

通常，排水管网模型的构建和应用流程如图 4.2 所示。

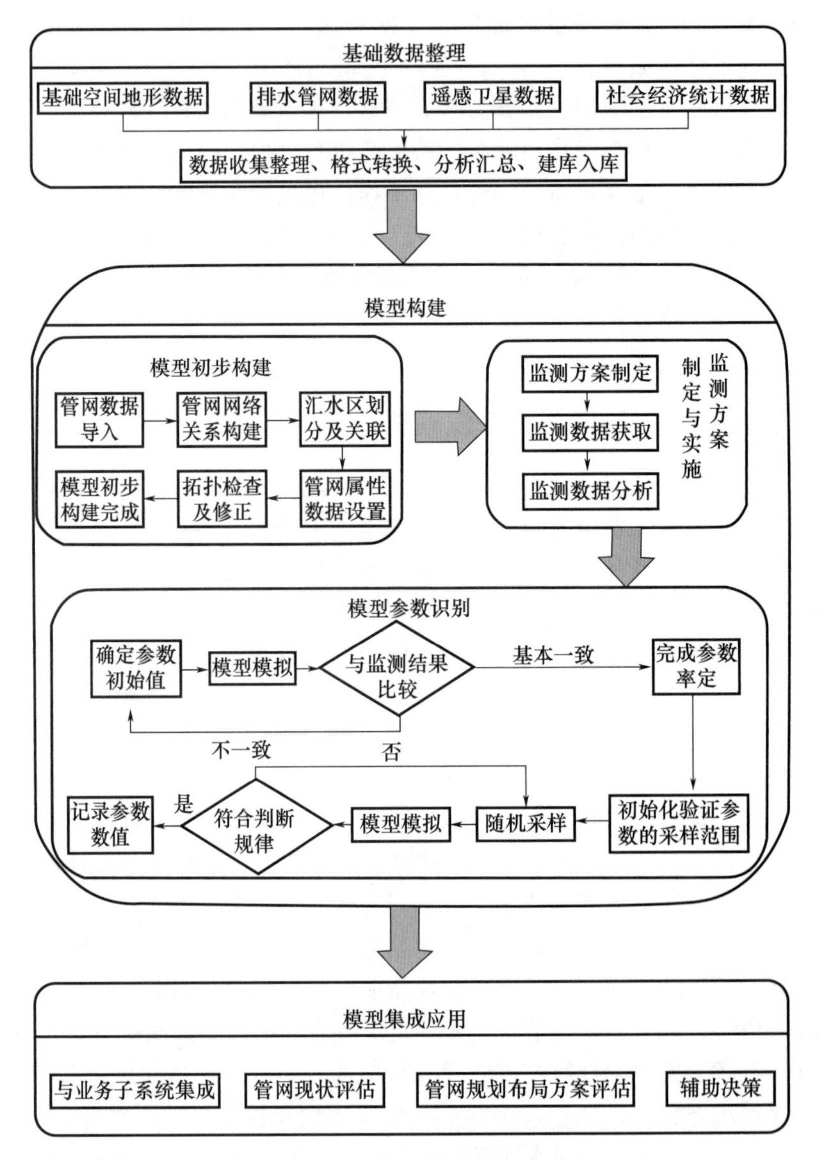

图 4.2　排水管网模型结构示意图

基础数据的收集和整理是排水管网模型构建的基础，具有重要的意义。在模型构建之前，首先需要对基础空间地形数据、排水管网数据、遥感卫星数据、社会经济统计数据等基础数据进行广泛的收集整理，从而为后续模型构建过程中的属性数据设置、拓扑关系检查及修正等关键步骤提供必要的数据支持。为了使收集的各类数据得到有序可靠的存储和管理，并为模型的应用以及排水管网相关查询分析或决策支持系统的开发提供良好的数据条件，可以根据相关技术方法，设计并建立排水管网综合数据库，同时为排水管网的数据管理、网络分析与模型模拟等功能的开发与应用提供统一的数据支持。

在排水管网模型构建过程中，通常需要完成三部分工作：

（1）模型初步构建。

（2）现场监测方案的制定与实施。

（3）模型参数的识别。

只有基于真实排水管网属性数据与网络拓扑结构进行模型构建，依据真实监测数据进行模型的参数识别，才能使建立的数学模型客观反映排水管网的运行规律，为排水管网的数字化管理提供可信的科学依据。

在模型构建的基础上，通过进一步集成开发，可以将模型与相关业务子系统紧密集成，从而实现在各种不同模拟情景条件下，对管网系统的水力和水质的变化规律进行动态仿真模拟，为管网现状评估、管网规划布局方案评估及其他排水管网运行问题的分析与辅助决策提供科学的数据支持。

排水管网模型中所涉及参数可分为确定性参数和不确定性参数两类。确定性参数通常是管长、管径等几何参数，可通过GIS工具和相关数据提取获得较真实的数值，在模型构建的过程中可直接使用而不需要率定。对于不确定性参数，通常无法通过测量手段得到其准确值，也可能由于相关资料缺失而导致无法提取。在初步构建排水管网模型并对获得的监测数据进行整理与分析后，可通过研究区域的大量相关数据，结合经验进行参数取值范围的设定，并在不确定性环境下对模型中的不确定性参数进行参数识别，以使模型更加真实地反映排水管网的客观排水规律。

模型的参数识别是模型应用的前提和基础，随着模型研究和应用的不断深入，模型的结构和参数日趋复杂，模型参数识别的难度也逐渐增加。对复杂模型的参数进行有效识别是模型研究和应用的一个重要内容。由于排水管网模型具有一定的空间分布特征，使用单一参数或空间集总式参数进行模拟分析容易造成决策偏差，而将参数进行空间分布差异化，使用多组行为参数进行模拟计算，有利于增强模型参数的物理意义，提高模型对现实规律的解释分析能力，降低环境管理过程中的决策风险。在研究区域基础资料较丰富、空间数据分辨率较高、监测数据质量较好的情况下，可利用GIS中的空间叠加与地学统计相关分析方法，对关键的模型参数进行“分布式”处理。以汇水区不透水率参数的分布式处理为例，通过基础地理信息图层可将地表分成屋顶、道路、绿地和综合性用地四种类型，各类地表的不透水率可以根据经验设定，然后将汇水区图层与土地利用GIS图层进行空间叠加处理，计算出各个子汇水区中各类土地利用类型所占面积的比例，并根据此比例加权计算得到各个子汇水区的汇水区不透水率，从而使汇水区不透水率参数的设定与现实中的空间分布特性更为相似，进而降低该重要参数的识别难度。此外，可以按照管道建设年代和材质的不同，分类设定管道曼宁粗糙系数；或通过细分典型下垫面类型，充分利用水质监测数据设定各种土地利用类型的污染物累积和冲刷参数的先验分布。目前，模型参数的识别方法可以分为两种，即基于优化思想的参数识别方法和基于不确定性分析的参数识别方法。基于优化思想的参数识别方法致力于寻求一组参数使得模型的模拟值尽可能地接近真实值。常用的参数优化识别算法包括模拟退火算法（Simulated Annealing，SA）、遗传算法（Genetic Algorithms，GA）、单纯形算法

(Simplex Method，SM)、复合型混合演化算法 (Shuffled Complex Evolution method developedat the University of Arizona，SCE-UA)、控制随机搜索算法 (Control led Random Search，CRS) 和退火单纯形算法 (Annealing Simplex，AS) 等，这些方法致力于通过算法的改进来提升模型参数寻优的效率与偏差。而在模型实际应用的过程中，模型模拟的结果与实测值之间存在的偏差主要是由于人们对现实世界认识的局限性、现有监测技术手段的不足、相关资料的缺失等各种因素造成的。不确定性理论的发展改变了传统的基于优化思想的参数识别体系，为了获取更可靠的模型参数，不确定性思想认为通过一定的统计方法获得的多组参数具有更强的现实意义。基于不确定性分析的参数识别方法使用参数的后验分布来代替单一的优化参数，进而可以对模型输出的不确定性进行估计，与基于优化思想的参数识别方法相比，该方法可以在一定程度上保证模型的可靠性，降低模型使用的决策风险。

4.3.1 青岛海绵城市应用SWMM、MIKE和鸿业暴雨模块系列软件模型参数研究

4.3.1.1 研究概况

研究以青岛市某区东南部两块完整汇水区为研究区，依托于SWMM、MIKE-URBAN模型和鸿业管线设计软件，通过收集、整理和概化研究区土地利用基础地理信息等构建模型的水文、水力和LID模块。利用2018年雨季的水量监测数据，调整模型结构，确定模型中绿地、透水铺装、路面广场和屋面四类下垫面的曼宁糙度系数、初损填洼系数等关键参数取值，确保模型的可用性，得到现状模型。在现状模型的基础上，去除海绵改造措施，复原海绵改造前的研究区情况，建立改造前研究区降雨径流模型。通过对比改造前后的模型在不同降雨强度下的模拟结果的差异和现状模型在不同降雨强度下的表现，评价海绵城市建设对雨量控制的效果以及现状情况下的内涝风险。

研究的区域地处山东省青岛市某区北部，包括10个小区和1个中学在内的片区。区域总面积为98.597hm²，容积率为1.2，绿化率约为36％（图4.3）。

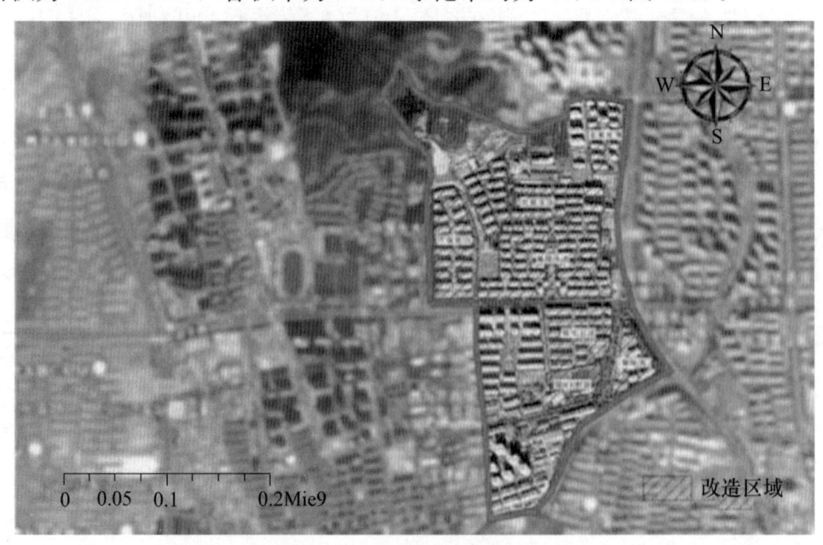

图4.3 研究区域卫星图

4.3.1.2　参数设置

水力模块的信息主要来源于小区的物探图和市政管网信息图。在建模过程中，以不改变整个管网原本动力学特征为原则，删去不必要的节点和支管，在ArcGISTM中建立井、管网结构图。在结构图中，还需要增加井和管的具体信息，包括井深、井顶标高、节点位置，雨水管截面形状、管径和管长等，这些信息通过物探图和市政管网图上的标识获得，手动录入ArcGISTM相关图层的属性表。

研究区包含10个小区和其他小片区域。10个小区中有6个小区做过海绵设施改造，是模拟的重点部分，剩余4个小区由于施工年代久远，施工图已丢失。研究区其他区域下垫面结构较为简单，如以林地为主的某公园、道路（含周围绿化带）、不透水面为主的停车场和商业区。因此在子汇水区划分过程中，没有做过海绵设施改造的小区因为缺乏施工图和雨水管网图，不适合进一步分割，作为一个整体进行模拟。下垫面类型单一的区域，如公园、道路、停车场和商业区等，作为一个整体进行模拟。做过海绵设施改造的小区进行较为细致的分区，原则上尊重水流的自然流向，参考雨水管网的布置，以3～4栋楼的大小为一个结构单元进行细致分割和模拟。

子汇水区内各种下垫面的面积通过分析施工图及实测确定，下垫面中，绿地、透水铺装、雨水花园和生物滞留设施为透水设施，不透水率为0；路面、屋面为不透水面，不透水率为98%。子汇水区坡度信息来源于该区的数字高程模型（DEM），其精度为10m×10m，利用ArcGIS对DEM进行处理，以每个子汇水区的平均坡度近似表示每个汇水区的水力坡度。汇水宽度采用两种处理方式。对于屋面和道路等长度、宽度容易计算且汇流路径较为稳定的区域，采用其实际长度（向一侧流的屋面）或者实际长度的两倍（向两侧流的屋面或者道路）作为汇水宽度；对于绿地、雨水花园、生物滞留设施和透水铺装等不容易确定其真实汇水宽度的地块，采用根号下面积乘以系数的方式确定，一般来讲系数取1，如果汇流时间和实测值有较大的差距时对系数进行调整。无法通过实测或者估算获得的参数通过文献调研和参考《SWMM用户手册》得到，曲线数值（CN）是下渗模式曲线数值法的参数。参考透水面养护状况、土壤类型和《SWMM用户手册》确定具体值。

研究区以棕壤土为主，棕壤土持水性能好，透水性能一般，因此地表特征分级为B类。停车场、屋面和车行道为不透水面，CN值取98；透水铺装性质接近碎石材质的道路，CN值取85；草坪养护良好，CN值取61。相关数据见表4.1、表4.2。

表4.1　SCS曲线特征值

下垫面性质	水文特征值			
	A级	B级	C级	D级
停车场、屋面、车行道等	98	98	98	98
碎石材质的道路	76	85	89	91
草坪（养护条件好）	39	61	79	84

表 4.2　地表特征分级及其传导系数

级数	地表特征	水文传导系数（mm/h）
A级	低产流能力地表，如高渗透性土壤和湿润的砂土等	>11.43
B级	适度产流能力地表，如不饱和土壤或粗糙碎石层	3.81～7.62
C级	渗透性不佳的地表，如接近饱和的土壤或一般硬质地表	1.27～3.81
D级	高产流能力地表，如饱和土壤或高硬度硬质地表等	0～1.27

研究区以塑料材质的雨水管网（PVC管）为主，西南侧存在较长的雨水暗渠，暗渠壁为水泥材质。塑料管材的雨水管网的曼宁粗糙系数在多篇文献中取值均为0.013。针对水泥材质的曼宁粗糙系数的研究较少，考虑到《SWMM用户手册》中平滑的水泥材质的管道的曼宁系数与塑料管材的推荐值一样，为0.013，因此，研究区内管道的曼宁粗糙系数取0.013。

各种下垫面的不透水区曼宁粗糙系数（N-Imperv）、透水区曼宁粗糙系数（N-Perv）、不透水区初损填洼深度（S-Imperv）、透水区初损填洼深度（S-Perv）是不确定参数。这部分参数主要根据文献调研结果和《SWMM用户手册》给出取值范围。取文献中常用值作为参数初值。

不同类型下垫面的不确定参数及不确定参数的初值列于表4.3，这些参数是率定验证的重要部分，其取值将在率定过程中进行调整和优化，最终能够得到适合青岛本地化的参数，为青岛市其他地区模型建立提供便利和依据。

表 4.3　不确定参数取值范围与参数初值设置

参数名称	curvenumber	N-Imperv	N-perv	S-Imperv	S-Perv
量纲	—	—	—	mm	mm
取值范围	20～100	0.005～0.05	0.01～0.4	0～3	2～6
普通绿地	61	0.012	0.25	—	5.08
透水铺装	85	0.012	0.25	—	2.54
道路广场	98	0.012	0.25	1.5	—
屋面	98	0.012	0.25	1.5	—

研究区域降雨数据由流量监测仪检测得到，研究区有两批共8个流量监测仪。第一批流量监测仪共3个，于2018年4月中旬完成安装与调试环节，并正式启动对雨落井的流量监测工作。完成了2018年的雨季对三个监测点流量的监测工作，数据较全，是率定和验证的主要依据。第一批监测点位分别是研究区东北的小区一出水口、研究区东南的小区二出水口以及某路的河道排口。小区一和小区二出水口监测点位监测由小区流入市政管网的雨水水量，某路的河道排口是右侧汇水区的总排口，监测整个汇水区通过雨水管网排出的雨水。第二批共5个流量监测仪于2018年9月中下旬完成安装与调试环节，启动对雨落井的流量监测工作。

4.3.1.3　SWMM建模结论

SWMM模型的拟合效果较好，能够较为真实地反映径流峰值流量、出峰时间和总径流量等径流特征，认为模型较为可靠。对模型中通过文献调研、通过率定验证修正的参数进行灵敏度分析，参数的灵敏度均小于 0.05，即参数改变对模型的结果影响很小，认为模型较为稳定。

建立未经海绵城市改造时研究区模型和海绵城市改造后的现状模型，让两种模型在不同降雨压力下进行模拟，得到模拟结果。通过海绵城市改造后的现状模型的模拟结果的分析，评价当前状态下青岛市雨水再利用情况和管网、节点的负荷情况。通过海绵城市改造后的现状模型和未经海绵城市改造时研究区模型的差异，评价海绵城市建设对青岛市降雨径流带来的改变。

对比研究区改造前后模型的输出结果，海绵城市改造后，径流率约由 56%下降至 29%，下渗率约由 40%增加到了 60%，地块平均滞蓄量由 0.63mm 增加至 5mm。改造后，径流峰值减小，出峰时间后延。可以看到，海绵城市改造有效地减少了径流，增加了下渗，让径流过程线更加平缓。

研究区建设目标为年径流总量控制率为 75%，对应设计降雨量为 27.4mm，接近一年一遇短历时降雨量（24.965mm）。考察研究区改造后模型的输出结果，可以看到，在一年一遇的短历时降雨中，研究区径流控制率为 79%，基本可以认为研究区达到了海绵城市关于水量的建设要求。

但需注意，在降雨量较小时，海绵城市改造对径流量和峰值流量的控制效果较好，随着降雨量增大，海绵城市改造对径流量和峰值流量的控制能力有所下降。且在 5 年和 10 年一遇的降雨中，现状雨水管网的模拟结果显示，研究区的雨水管网体系存在较为大面积的管段过载和节点溢流的情况，也即在重现期较大的降雨中，研究区仍有可能出现内涝问题。

4.3.1.4 MIKE-URBAN 建模结论

MIKE-URBAN 模型的拟合效果较好，利用 Nash-Sutcliffe 效率系数来率定和验证模型，结果效率系数均大于 0.6，说明模型能够较为准确地反映研究区域内实际的径流变化过程，可用于预测在不同降雨情景下的径流总量以及径流变化曲线，为研究区域未来的规划设计提供重要的数据支撑。

研究通过对比在三场设计降雨事件中研究区域海绵城市改造前后的总径流量、径流峰值和峰现时间，对研究区域内 LID 设施的水量控制效果进行评价。结果证明经过海绵城市改造后，各改造区域和整片汇水区的径流总量和径流峰值得到了削减，径流总量削减率和径流峰值削减率均呈现随着降雨重现期增大而明显下降的趋势。

当降雨重现期为 1 年时，径流总量和径流峰值的削减效应十分显著，而当降雨重现期为 5 年或 10 年时，这种削减效应并不显著。这说明 LID 设施对降雨强度大、降雨历时长的雨水量控制效果较为有限，应考虑灰色设施和绿色设施相结合以解决城市内涝问题。

对于重现期分别为 10 年、5 年和 1 年的降雨情景下检查井的溢流情况和雨水管的管道充满度负荷进行分析，并对比海绵城市改造前后检查井的溢流情况和雨水管的管道充满度负荷，分析 LID 设施对管网排水效果的影响。结果证明在不同设计降雨条件下，添加 LID 设施之后产生溢流的节点数目显著减少，同时溢流深度分布的期望值也明显减小，这说明 LID 设施对径流量的削减作用、对节点的溢流情况有显著的控制效果。

利用基于 MIKEFLOOD 的 1D-2D 耦合模型模拟降雨重现期分别为 1 年、5 年、10 年时有无 LID 设施对研究区域内积水情况的影响，计算结果表明 LID 设施对不同设计降雨强度下的地面积水深度均有不同程度的控制效果，但是相比于 1 年重现期，LID 设施似乎对 5 年和 10 年重现期有更好的控制效果，一个可能的原因是当设计重现期为 1 年时降雨量较小，发生溢流的节点较少，有无 LID 设施并无明显区别。添加了 LID 设施以后，不同最大积水深度的网格均有一定程度的削减，而且这种削减作用对于最大积水深度越深的网格越明显。

4.3.1.5 鸿业暴雨模块建模结论

鸿业暴雨排水和低影响开发模拟系统是在 AutoCAD 平台上与鸿业管线设计软件一体化开发的，融设计、分析、模拟于一体，不需要专门的数据准备工作，易于掌握。软件包括城市地形识别、暴雨模型建立、管道平面和竖向设计、推理法雨水管网计算、模型法雨水管网计算、模型法暴雨模拟结果展示、淹没分析等，管道、地块、街道、河流、湖泊以及相互关系图形化表示，计算数据直接通过图形自动提取，使大家可以在自己熟悉的模式下按照模型法暴雨系统进行规划和设计。

其中低影响开发适用于控规、修详等阶段，地块中的低影响开发参数可以在布置地块参数时确定，也可以在后续采用批量编辑的方式确定，按比例确定地块中低影响开发的类型和面积比例，能够更好地进行控规设计。可以根据地块中低影响开发设施情况，快速计算地块径流系数，并将地块径流系数和低影响开发措施以表格形式标注在图纸上，更好地指导后续建设。软件建立地块下垫面库、低影响开发类型库，数据库为开放形式，可以根据地区情况灵活扩充和修改。

4.3.2 SWMM、MIKE、鸿业暴雨模块模型关键参数建议取值表

其相关数据参见表 4.4～表 4.6。

表 4.4 青岛海绵城市 SWMM 模型关键参数建议取值表

参数名称	下渗曲线数值	不透水区曼宁粗糙系数	透水区曼宁粗糙系数	不透水区初损填洼深度	透水区初损填洼深度
量纲	—	—	—	mm	mm
取值范围	20～100	0.005～0.05	0.01～0.4	0～3	2～6
普通绿地	55	0.005	0.35	—	2.5
透水铺装	43	0.005	0.35	—	0.25
道路广场	98	0.005	0.35	0	—
屋面	98	0.005	0.35	0	—

表 4.5 青岛海绵城市 MIKE 模型关键参数建议取值表

参数名称	量纲	参数值
绿地初损	m	0.004
不透水面初损	m	0.001

续表

参数名称	量纲	参数值
减少系数	—	0.9
屋顶汇流时间	min	2.4
绿地汇流时间	min	6
透水铺装汇流时间	min	6
不透水面汇流时间	min	1.2
汇流时间折算系数	—	0.192
时间-面积系数	—	0.33

表 4.6　青岛海绵城市鸿业暴雨模块模型关键参数建议取值表

参数类型	结构层级	植草沟	绿色屋顶	生物滞留地	透水铺装	取值范围
纵向参数	surfsce	植物容积 粗糙系数	植物容积 粗糙系数	植物容积 粗糙系数	— 粗糙系数	0～1 0.01～0.1
	scrl	导水率 土壤孔隙率 田间持水能力 导水率坡度 凋萎点 吸入水头	导水率 土壤孔隙率 田间持水能力 导水率坡度 凋萎点 吸入水头	导水率 土壤孔隙率 田间持水能力 导水率坡度 凋萎点 吸入水头	导水率 土壤孔隙率 田间持水能力 导水率坡度 凋萎点 吸入水头	0.254～120.396 0.3～0.6 0.062～0.387 5～20 0.024～0.265 40.022～320.040
	underndrain	—	—	排放指数	排放指数	0～1
	Drairage rnat		排水垫孔隙率 排水垫粗糙系数	— —		0.5～0.6 0.1～1
横向参数		初始土壤 饱和度	初始土壤 饱和度	初始土壤 饱和度	初始土壤 饱和度	0～50

4.4　案例分析

以某市的海绵城市建设为例，对海绵城市中模型技术的应用解析如下。

4.4.1　项目概况

该市处于山东东部，具有独立的发展空间，有机会形成相对完善和综合的区域功能。未来该市必须走融合、差异化的发展路径，才可以在激烈的区域竞争中脱颖而出，逐步成长为区域门户和次中心城市。结合该市发展实际、资源禀赋及机遇，确定城市整体发展目标为绿城水乡、休闲之都。充分发挥该市的区位优势，突出新型工业化、城镇化对该市未来发展的重要意义，以生态文明、幸福宜居为目标，走特色化发展道路。

为加快推进该市海绵城市建设，修复城市水生态、涵养水资源，增强城市防涝能力，扩大公共产品有效投资，提高新型城镇化质量，促进人与自然和谐发展，以《×市海绵城市专项规划（2016—2030）》为基础，结合该市主要规划新建区范围，编制基于低影响开发理念的海绵城市建设详细规划，明确该市海绵城市建设目标，进一步细化地块、道路的海绵控制指标。制定该市海绵城市建设的总体原则、目标，提出适合该市特点、能够解决实际问题的海绵城市建设模式，划分确定海绵城市管控分区，基于模型分析等方法分析海绵城市控制指标，细化海绵城市开发规划设计要点，综合应用“渗、滞、蓄、净、用、排”技术措施，统筹解决水生态、水环境、水安全和水资源等问题，构建一整套流域范围内的海绵城市建设管控体系，供各级城市规划及相关专业规划编制时参考，并为下一步建设项目可行性研究、初步设计提供依据，为城市建设提供管控指标，以保证海绵城市建设的顺利开展。

《×市海绵城市详细规划》编制面积约为52km^2，规划期限至2030年（图4.4）。

图4.4　海绵城市详细规划编制范围

4.4.2　内涝模拟

4.4.2.1　基础模型的构建

1. 确定模型需要的资料

（1）研究区域地形图。确定地面标高、透水面积、不透水面积。

（2）研究区域规划图，土地利用资料、下垫面情况。包括地表坡度、透水面积、不透水面积、管道的曼宁系数，透水地表和不透水地表的洼蓄量。根据已有的研究成果，透水地表和不透水地表的洼蓄量分别取值。根据研究区域实际情况，参考《SWMM用户手册》中的典型值可以取得地表坡度。一般根据已有文献资料和区域实际情况，确定透水地表、不透水地表和曼宁粗糙系数。

（3）管渠设计资料。包括管渠长度、管径、管道起点和终点及其埋深、断面情况、管道粗糙系数。

（4）降雨资料。包括典型降雨场次的降雨曲线、不同频率及不同雨峰位置的暴雨过程分配曲线。

2. 现状地形分析及建模

相关示意见图 4.5、图 4.6。

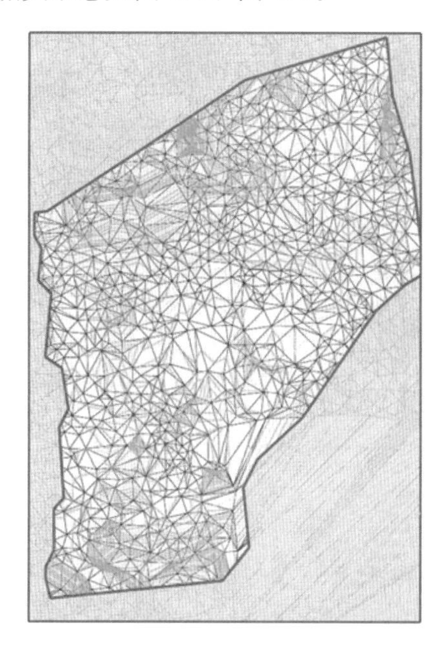

图 4.5 自然地形曲面建模

图 4.6 地形高程分析

提取现状地形高程点进行分析定义，生成自然地形曲面。

由模型可知，该市本次规划区域高差较大，地面标高 47.7～79.6m，地势高点位于规划区域西北部，地势低点位于规划区域西南部，地势总体北高南低。然而该市中心老城区较为平坦，地面标高 52.1～54.6m。

3. 子汇水面积划分

在 CAD 平台上，以现有实测资料和绘制的建模区背景图为基础绘制汇水子流域。整个建模区的汇水区域的边界已经清晰划分，边界出来之后针对各个雨水汇流区，结合用地类型、街区状况、地形模型细分各汇水子流域。

在最初对排水管道进行规划设计时，由于多为重力流，所以管网系统汇水区域划分中最重要的因素为地形情况。对于已经建成的管网系统，建立模型时，地形资料依旧是汇水子流域划分的重要依据。在实际管网收集雨水过程中，地面汇流雨水的方向并不一定就是从高处到地处，再流入管网，这是由于在管网设计时对于排水区块的划分以及排水走向，除地形因素之外还需要考虑其他因素。另外，汇水区块地面情况的变更也会导致这种情况发生。因此对于汇水子流域的划分应首先遵循实际情况。在汇水子流域划分时，利用土地用地类型分布自动确定子汇水面积，布置参数块，并对地面高程等有关资料进行分析处理，结合 GoogleEarth 和该区域排水地形 CAD 图，作为区域背景，空间直观地辅助子汇水区域参数的拆分、调整。在没有实地考察的时候，初步确定汇水子流域时主要按照地形、社会单位（单元）、就近排放原则进行。子汇水面积划分情况如图 4.7、图 4.8 所示。

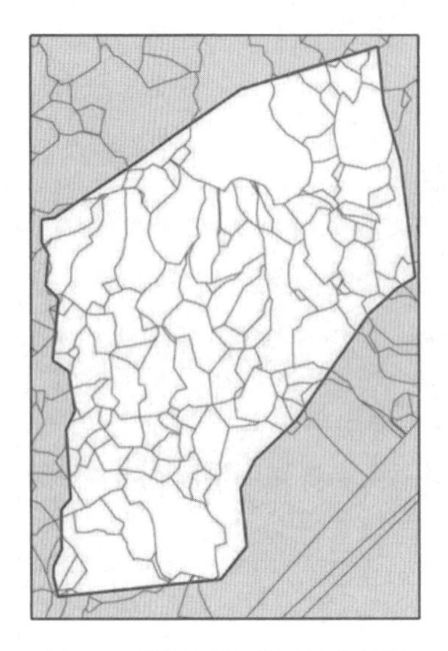

图 4.7　研究区域流域划分情况

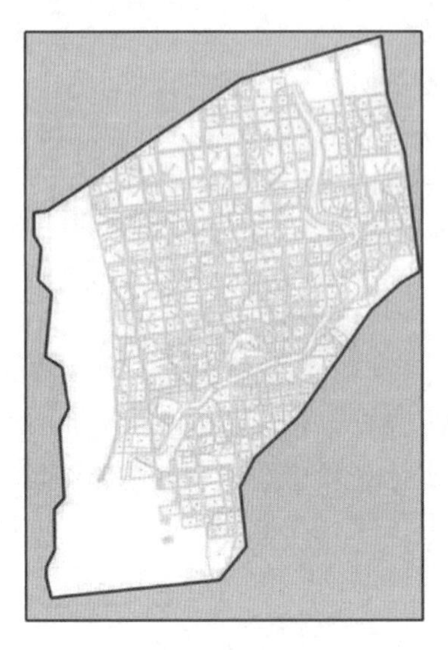

图 4.8　研究区域子汇水面积划分情况

4. 现状排水管网概化及建模

（1）管网拓扑结构。管网概化的第一步是确定排水管网系统的拓扑结构，是建立排水管网模型最基础的工作（图 4.9）。主要管网的结构简化参照该市雨水现状管网图纸，在鸿业海绵城市软件平台上初步确立拓扑空间结构。管网的结构简化要根据建模的实际需求，比如，研究中需要关心的主要为划分子汇水区域的干道上的管网系统，一些排水支管、连接管及其关联的检查井对于建模研究不太重要就可以忽略。节点概化原则可概括为“一长二变三交叉四易涝”原则，即根据管线长短增删雨水井；根据管径变化适当增加雨水井；交叉路口增加雨水井；历史易涝区域附近增加雨水井四大原则。

建模排水管网拓扑结构见图 4.10。拓扑结构节点共 1109 个，渠道管段 962 条。

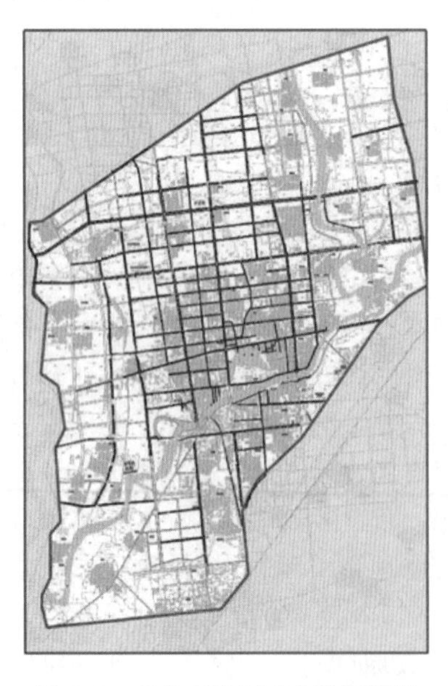

图 4.9　现状老城区雨水管网情况

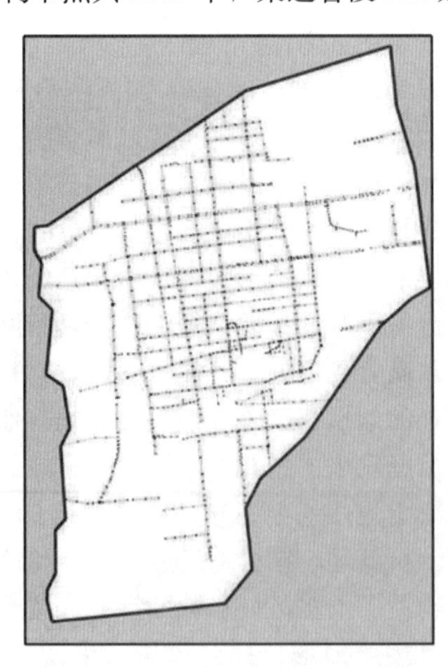

图 4.10　现状老城区管网拓扑结构

(2) 管道基础数据。排水管道的属性信息是排水管网汇流演算的基本依据，针对本次建模，需要的排水管道基础数据包括管道长度、管径，管道上下游的管底标高以及检查井的地面标高和井底标高等。干渠基础数据根据该市各路的雨水管网设计图纸获得，干管及支管数据通过管网探勘 GIS 模型等资料估算获得。

5. 地表径流模型确定

SWMM 中有三种可选择的渗透模式：Horton（霍顿）模式、Green-Ampt 模式和 SCS 模式。其中霍顿（Horton）在国内应用较多。所以采用霍顿入渗公式。

其中，Horton 模型主要描述下渗率随降雨时间变化的关系，不反映土壤饱和带与未饱和带的下垫面情况。Green-Ampt 模型则假设土壤层中存在急剧变化的土壤干湿界面，即非饱和土壤带与饱和土壤带界面，充分的降雨入渗将使下垫面经历由不饱和到饱和的变化过程。SCS 曲线模型将下渗过程分为土壤未饱和阶段和土壤饱和阶段分别进行计算。三种模式中，Green-Ampt 模式对土壤资料要求很高；SCS 模式只反映流域下垫面状况，不反映降雨过程，只适用于大流域；在城市小流域降雨径流模拟中经常采用 Horton 模式。

6. 模型暴雨雨型确定

模型建立完毕后需要输入降雨事件，降雨事件分为人工合成降雨和实测降雨。

城市排水设计中雨型分为均匀雨型和不均匀雨型，均匀雨型应用最广、最简单，但计算结果偏小；不均匀雨型中最简单的是三角形雨型，Chu 和 Keifer 学者通过研究强度-历时-频率关系提出了一种新的不均匀雨型，被称为芝加哥雨型，岑国平等对国内外常用的几种设计暴雨雨型进行了比较和分析，认为芝加哥雨型能全面反映各种特征的暴雨雨型，雨峰部分与降雨历时无关，计算的洪峰流量相当稳定，对城市暴雨过程的模拟有较好的适应效果，在国内多个城市得到了良好的应用。

该市没有本地区的暴雨强度经验公式，因此选用附近地区城市暴雨强度公式。本次设计采用相邻市暴雨强度公式：

$$i=\frac{5.824+6.2411\lg T_{\mathrm{E}}}{(t+8.173)^{0.532}} \tag{4-1}$$

式中 i——设计暴雨强度，mm/min；

t——集水时间，min；

T——非年最大值法选样的重现期，a。

$$q=167 \cdot i$$

式中 q——设计暴雨强度，L/（s·hm²）。

暴雨强度公式管理器见图 4.11。

本次规划人工合成降雨选用修编后暴雨强度公式，采用芝加哥降雨过程线法，利用鸿业海绵模拟软件中的暴雨生成器生成 0.5 年、1 年、2 年一遇短历时（降雨 2h）的降雨历时曲线。如图 4.12 所示为 0.5 年一遇暴雨生成结果。研究区域雨型设计采用芝加哥雨型，参考住房城乡建设部《试点城市内涝积水点分布图绘制说明》，对 0.5 年、1 年、2 年、5 年一遇的情景进行计算时采用短历时（2h 或 3h）设计雨型，对于 10 年、20 年和 50 年一遇的情景计算时推荐采用 24h 的长历时设计雨型（如果没有，可以采用短历时设计雨型替代）。

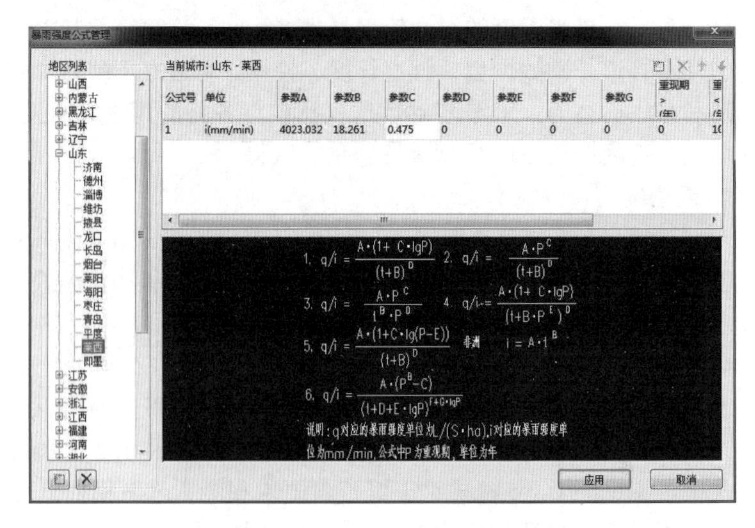

图 4.11　暴雨强度公式管理器

图 4.12　雨量数据管理器

因老城区排水管网设计重现期基本为 0.5～2 年，莱西市内涝为 20 年一遇标准，故本次内涝分析共分以下 4 种重现期进行模拟。

（1）0.5 年重现期下管网模拟及内涝分析。

（2）1 年重现期下管网模拟及内涝分析。

（3）管网模拟及内涝分析。

（4）年重现期下管网模拟及内涝分析。

本规划短历时设计雨型采用 2h，时间步长均为 5min，雨峰系数一般在 0.3～0.5 之间，因缺乏降雨统计资料，因此雨峰系数选用经验值 0.4，20 年一遇情景用 3h 设计雨型替代。研究区域不同重现期降雨过程如图 4.13～图 4.15 所示。0.5 年、1 年、2 年一遇情景短历时（2h）设计雨型设计降雨量分别为 35.79mm、52.85mm、69.91mm。20 年一遇情景（3h）设计雨型设计降雨量为 154.77mm。根据研究区规划的总体建设目标要求，另设计一场 19.2mm 的典型降雨量降雨过程。

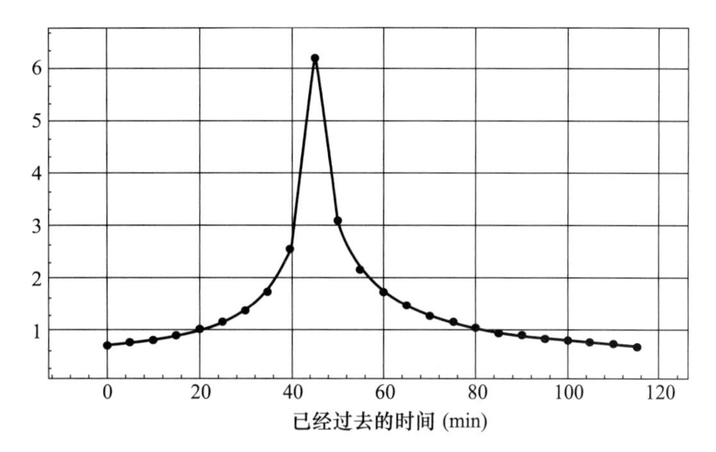

图 4.13　0.5 年一遇 2h 降雨

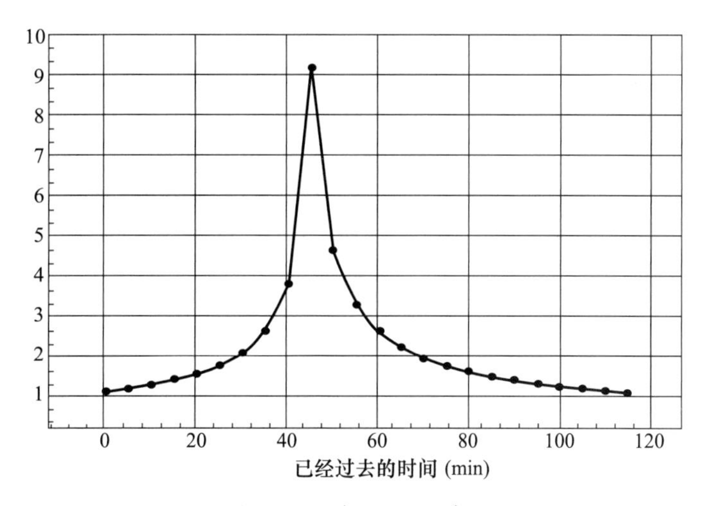

图 4.14　1 年一遇 2h 降雨

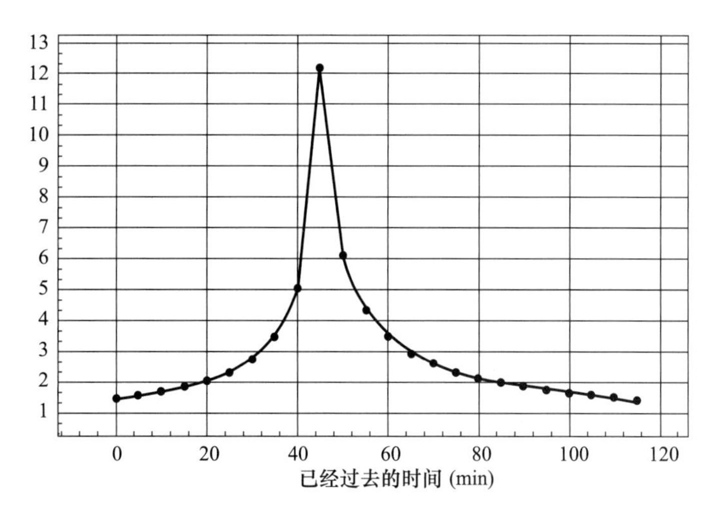

图 4.15　2 年一遇 2h 降雨

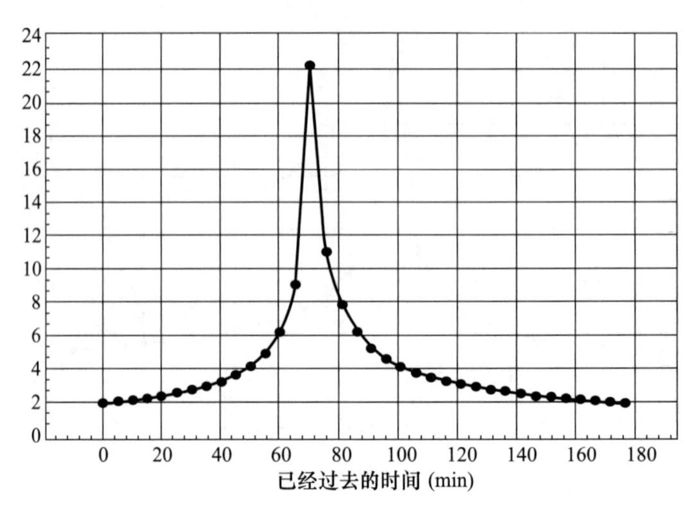

图 4.16　20 年一遇 3h 降雨

7. 管网评估结果

针对设计区域的现状雨水管网，分析城市管道排水能力，通过对复杂的网络结构、上下游关系进行查询和分析，有助于了解排水管网的结构特征，发现排水管网系统中的薄弱环节和区域，对于城市排水系统的管理和改造有重要的意义。

该市现状排水管网设计重现期过低，除排水干渠、截洪沟外，现有雨水管渠设计重现期均为 0.5 年，远低于《室外排水设计标准》（GB 50014—2021）要求。排水干渠、截洪沟设计重现期虽然为 5～10 年，但是在建设过程中，受用地限制，排水干渠、截洪沟实际过流能力低于设计过流能力。雨水管渠设计重现期极低，雨水管网系统不能满足城市排水需求。

根据规划结果建立规划排水系统模型，分别输入 0.5 年一遇、1 年一遇、2 年一遇降雨对规划管网排水能力进行评估，分析结果如表 4.7 所示。相关示意见图 4.17。

表 4.7　不同重现期管道累计统计表

重现期	管材	管径（mm）	累计长度（m）
0.5 年	砖砌体矩形管道	3600×3500	7407.364
0.5 年	Ⅱ级钢筋混凝土管	DN300	27528.370
0.5 年	Ⅱ级钢筋混凝土管	DN400	20593.403
0.5 年	Ⅱ级钢筋混凝土管	DN500	5844.367
0.5 年	Ⅱ级钢筋混凝土管	DN600	26973.982
0.5 年	Ⅱ级钢筋混凝土管	DN700	2823.849
0.5 年	Ⅱ级钢筋混凝土管	DN800	9354.135
0.5 年	Ⅱ级钢筋混凝土管	DN1000	6283.453
0.5 年	Ⅱ级钢筋混凝土管	DN1200	517.319
0.5 年	Ⅱ级钢筋混凝土管	DN1500	555.924
0.5 年	Ⅱ级钢筋混凝土管	DN600	14237.321
1 年	Ⅱ级钢筋混凝土管	DN300	12453.645

续表

重现期	管材	管径（mm）	累计长度（m）
1年	Ⅱ级钢筋混凝土管	DN400	673.146
1年	Ⅱ级钢筋混凝土管	DN500	12315.650
2年	Ⅱ级钢筋混凝土管	DN400	39656.650
2年	Ⅱ级钢筋混凝土管	DN600	907.984
2年	Ⅱ级钢筋混凝土管	DN700	481.349
2年	Ⅱ级钢筋混凝土管	DN800	703.375
其他情况	Ⅱ级钢筋混凝土管	DN300	22790.530
其他情况	Ⅱ级钢筋混凝土管	DN400	8921.785
其他情况	Ⅱ级钢筋混凝土管	DN500	6940.700
其他情况	Ⅱ级钢筋混凝土管	DN600	26012.146
其他情况	Ⅱ级钢筋混凝土管	DN700	1979.368
其他情况	Ⅱ级钢筋混凝土管	DN800	8326.022
其他情况	Ⅱ级钢筋混凝土管	DN1000	2808.804

图 4.17　现状管网排水能力评估分布示意图

统计结果显示，规划雨水管网总长约 267.09km，排水能力基本均约为 0.5 年一遇标准。其中排水能力小于 0.5 年一遇的管网有 77.78km，占总规划管网的 29.12%；排水能力在 0.5～1 年一遇的管网有 107.88km，占总规划管网的 40.39%；排水能力在 1～2 年一遇的管网有 27.36km，占总规划管网的 10.24%；排水能力大于 2 年一遇的管网有 54.07km，占总规划管网的 20.24%。评估结果基本与现状管网情况相符。雨水管网系统不能满足城市排水需求。

针对模拟结果，对不满足防洪排涝要求的管道进行修改调整，进一步进行模拟使其达到要求为止，从而科学合理地解决问题。

4.4.2.2 积水点模拟

通过鸿业海绵城市模型对规划区域 20 年一遇暴雨条件下的内涝积水情况进行模拟分析，分析结果见表 4.8、图 4.18。

表 4.8 淹没深度统计表

序号	淹没深度	面积（m³）	原状地形	道路	面积百分比（%）
1	0.01～0.15	2584964.87	1797742.32	787222.55	1.68
2	0.15～0.3	1884190.78	1128350.7	755840.08	1.22
3	0.3～0.45	1303872.05	812879.52	490992.53	0.85
4	0.45～0.6	733187.44	531957.2	201230.24	0.48
5	0.6～0.75	445457.5	362661.72	82795.78	0.29
6	0.75～0.9	441188.2	237862.92	203325.28	0.29
7	0.9～1.05	202054.14	194775.87	7278.27	0.13
8	1.05～1.2	127079.12	91233	35846.13	0.08
9	1.2～1.35	43086.23	26746.72	16339.51	0.03
10	1.35～99999	486194.62	75151.2	411043.41	0.32
11	淹没区汇总	8251274.96	5259361.18	2991913.77	5.35
12	未淹没区	145938365.76			94.65

图 4.18 20 年一遇降雨区域积水深度分布示意图

4.4.3 模型模拟评估及优化调整

以该市主城区海绵城市建设为例，通过增加 LID 设施，实现目标年径流控制率，根据不同的用地性质，将城市径流控制目标分解至地块。该项目重点规划范围约 $6.0\times10^3\,hm^2$，中心城区建设用地呈增长趋势，建成区多为硬质铺砖，硬化主要为屋顶、小区道路和广场，雨水径流系数较大，易产生积水、内涝。

根据项目提资，确定项目所在地的年径流总量控制率表、暴雨强度公式、备选 LID 种类、下垫面组成、项目目标年径流总量控制率等数据。

表 4.9 海绵城市建设分类指标表

类别	指标	单位	规划期末目标
水生态	年径流总量控制率	%	75
	城市热岛效应	—	明显缓解
	生态岸线比例	%	70
水安全	内涝标准	A	20
	排涝达标率	—	100
水环境	地表水体水质标准	—	执行各水环境功能区相应水质标准
	城市面源污染控制（以 SS 计）	%	65
	地表水体水质达标率	%	100
水资源	雨水资源利用率	%	5
	污水再生利用率	%	30
	管网漏损控制	%	<12

4.4.3.1 参数设置

根据该市相关部门提供的前期提资，结合软件内置的地表类型，选择一种与本项目相接近的地表类型。并且根据收集到的实际数据，添加按钮扩展地表类型，如图 4.19 所示。

结合本项目实际情况，把所涉及 LID 设施添加到工程中。通过 LID 管理器，设置各类 LID 设施的参数。

此步骤主要是为后续程序自动推算 LID 配比作准备。只有当相应的下垫面指定了对应的 LID 设施时，程序才可以自动进行 LID 配比的推算，否则添加 LID 设施后选择模型法或容积法自动配置 LID 时将提示，该 LID 设施不属于任何一种下垫面。需修改后再继续（图 4.20）。

结合本项目实际情况，将各类性质地块的下垫面类似地录入软件。通过下垫面管理器，设置各类下垫面参数如图 4.21 所示。

结合该市的控制性规划总图，将各性质的地块添加到用地类型管理器里。通过用地类型管理器，将设置好的 LID 参数和下垫面参数合理分配至各类型的地块内。并对各地块进行定义属性，为下面各种模拟打下基础。

软件提供的布置参数块功能包括按颜色或填充自动布参数块、按汇水界线自动布参数块、交互布参数块、闭合 PL 边界生成参数块。在规划的年径流控制率分解设计阶段，地块一般按照路网围合成的用地性质进行划分和指标分解。图 4.22 为参数块的展示图。

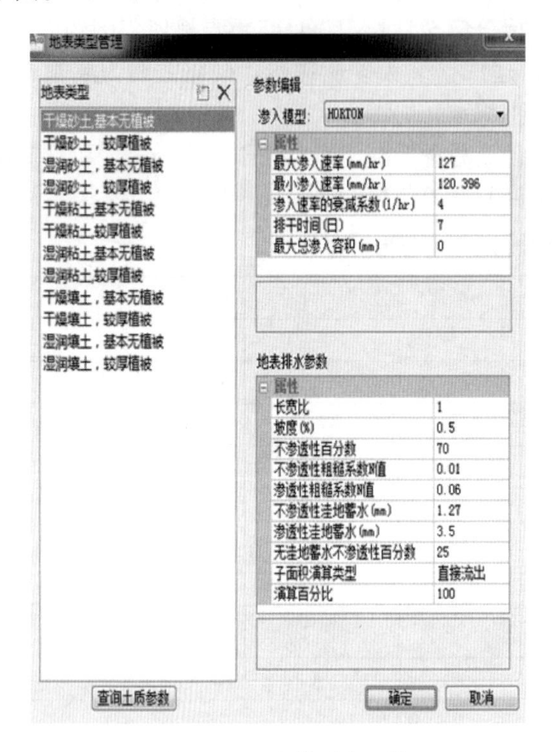

图 4.19　地表类型管理器

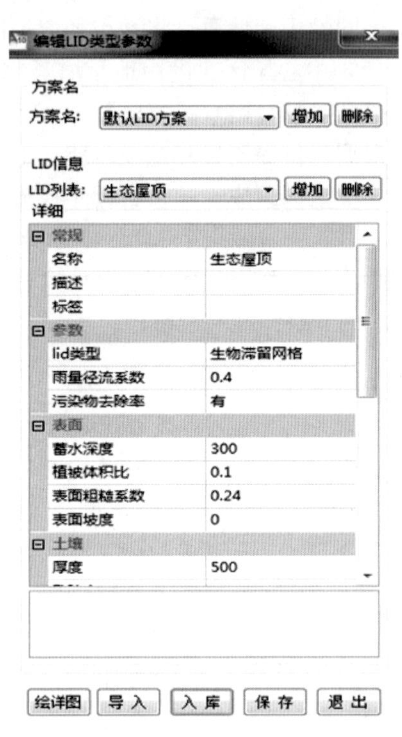

图 4.20　LID 管理器

图 4.21　下垫面管理器

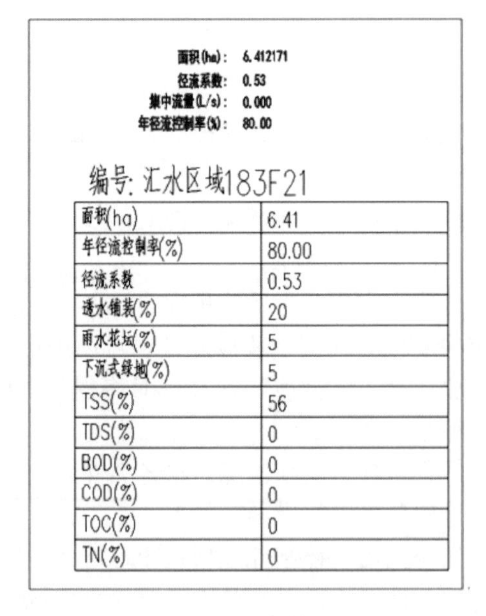

面积(ha)	6.41
年径流控制率(%)	80.00
径流系数	0.53
透水铺装(%)	20
雨水花坛(%)	5
下沉式绿地(%)	5
TSS(%)	56
TDS(%)	0
BOD(%)	0
COD(%)	0
TOC(%)	0
TN(%)	0

图 4.22　参数块

4.4.3.2 海绵指标分解

模拟流程：根据用地下垫面情况，确定地块的低影响开发措施种类和比例，然后根据地块下垫面和配置的 LID 计算能达到的降雨控制容积及对应的设计日降雨量，再根据设计日降雨量得到地块能达到的年径流总量控制率。最后，核算所有地块的年径流总量控制率能否达到项目的总体年径流总量控制率。重复以上过程，直到地块年径流控制率能够满足项目整体要求为止。

本次规划通过年径流总量控制率模拟和污染物消减率模拟，利用模拟前建立的各类参数，不断对地块各 LID 比例进行调试和模拟，直至全区年径流总量控制率和污染物消减率达标为止。从而得到各地块的各类海绵城市要求指标，并通过软件生成各地块的海绵指标成果图及指标表，下面以该市海绵模拟结果作为展示。

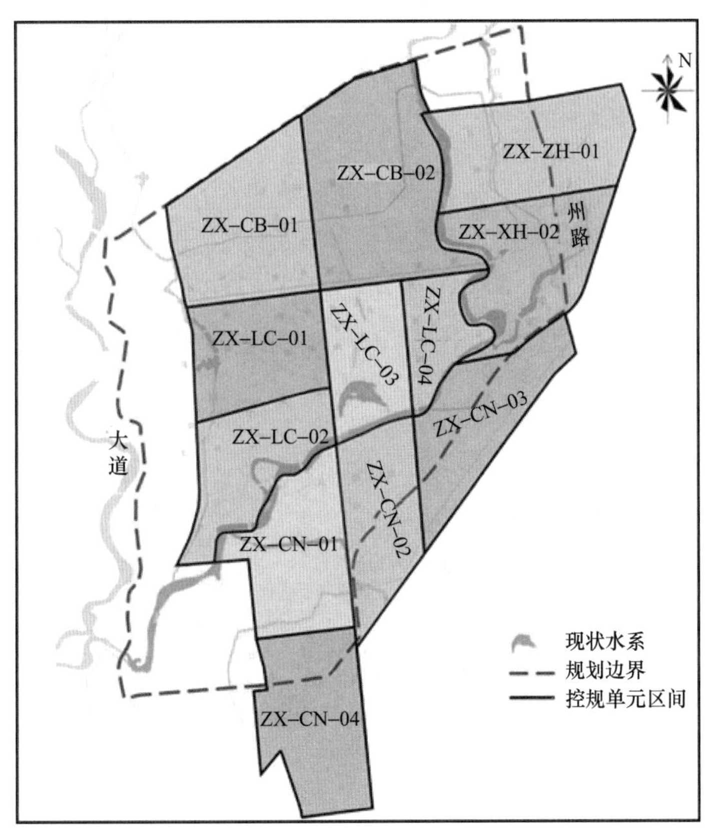

图 4.23　编制单元划分图

该市全面推进海绵城市建设，通过示范先行，后在其他区域推广海绵城市建设，涉及水生态系统、水环境系统、水安全系统以及雨水资源化系统，构建以“渗、滞、蓄、净、用、排”6 种低影响开发技术为基础的生态雨洪综合系统，整体达到年径流总量控制率 75%、面源污染削减率（以 SS 计）65%，实现修复城市水生态、整治黑臭水体、涵养水资源目标，增强城市防洪能力，提高新型城镇化质量，促进人与自然和谐目标。水生态方面：规划区新建和改造下凹式绿地、雨水花园、透水铺装、绿色屋顶面，建造具有调蓄功能的雨水桶、调蓄池等调蓄设施，对滨水岸线进行生态修复，整体实现

75%的年径流总量控制率目标。

根据该市中心城区控制性详细规划，编制范围划分12个单元。12个单元划分为71个管控分区，针对不同管控分区，分析其空间条件和规划用地布局，根据生态敏感性分析结果分区域制定不同管控分区海绵城市建设径流控制指标和控制策略。控制性指标包含强制性指标和引导性指标。强制性指标包括年径流总量控制率。引导性指标包括透水铺装率、下沉式绿地率和其他调蓄容积，其中其他控制容积是雨水桶、调蓄池、铺设防渗膜的塘体等径流措施控制的径流量。考虑实际情况，新、老城区采取不同的策略进行地块径流控制。管控指标分解的原则为：新城区地块落实、老城区区域协调；新城区注重小区目标分解，老城区集中项目落实（图4.23）。

地块径流控制能力测算原则为，分别测算实施径流控制工程前后地块可实现的年径流总量控制率。实施前控制率根据实际用地特征进行径流产流模拟计算得出。实施后控制率根据实际用地指标或参考区域控制性规划提出的规划控制指标，提出各地块低影响开发控制指标。然后通过模型计算得到地块各项低影响措施调蓄容积，从而确定地块能达到年径流总量控制率。

指标分解方法通过蒙特卡洛随机采样法，对各个地块的各类低影响开发设施的建设比例、开发强度进行计算评估，分析总体计算结果是否达到控制目标，通过海绵城市总体规划软件模拟分析，对年径流总量控制率（75%）进行逐级分解。根据控制性规划提出的各地块建筑密度和绿地率等规划控制指标，初步提出径流控制指标，包括绿屋顶实施率、下沉式绿地率、透水铺装率等指标。径流控制工程实施后，78%地块均能够满足控制指标要求（图4.24、图4.25）。

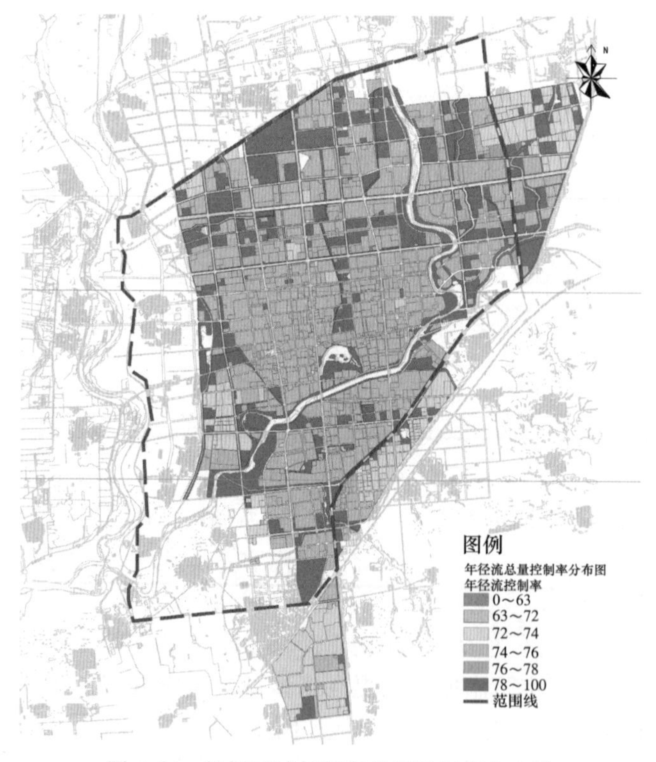

图4.24　规划区域年径流总量控制率分布图

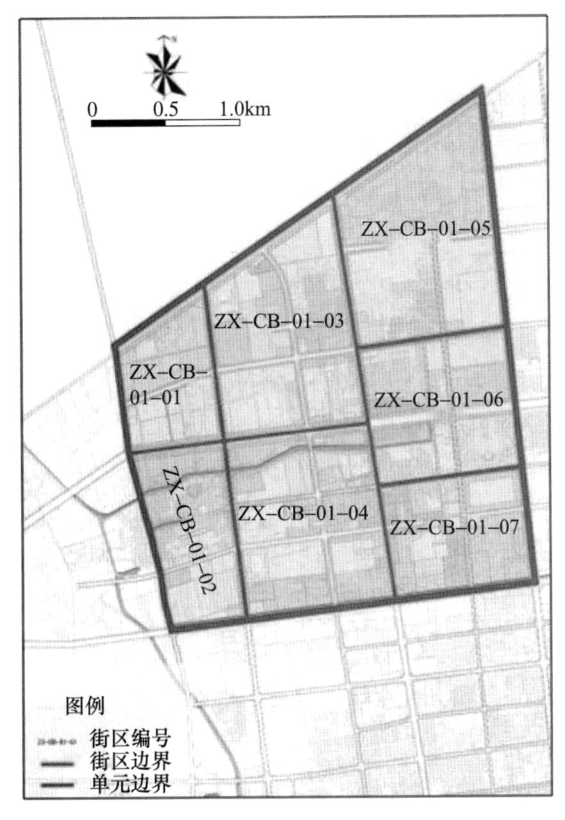

图 4.25 ZX-CB-01 管控分区

本次地块展示以 ZX-CB-01 号管控分区为例。本单元总用地面积 650.49 万 m^2，其中水域面积 5.67 万 m^2，占单元总用地面积的 0.9%；城市建设用地面积 664.82 万 m^2，占单元用地面积的 9.1%。现状和规划用地基本一致，包括居住、公共管理与公共服务、公共绿地、商业用地、市政公用设施用地等，现状径流系数约为 0.55。该管控分区属于中高强度开发区，规划绿地与广场用地总占地 132.22 万 m^2，占规划建设用地的 20.50%。其中公园绿地包括生态植物园等，总占地 59.71 万 m^2，海绵措施实施条件较好，确定年径流总量控制率目标为 75.5%。老城区海绵城市建设应因地制宜，可改造地块的引导性控制指标如表 4.10 所示。

表 4.10 ZX-CB-01 单元地块分项指标表

地块编号	地块面积（m^2）	设计雨量（mm）	径流系数	年径流总量控制率（%）	面源污染物去除率-以 SS 计（%）	透水铺装率（%）	下沉式绿地率（%）	生物滞留措施率（%）	其他调蓄容积	LID 调蓄容积
ZX-CB-01-0101	20293.46	52.70	0.43	90	66.36	11	13	2	0	509.23
ZX-CB-01-0102	71394.52	27.18	0.66	74	55.51	26	17	9	0	1109.03
ZX-CB-01-0103	7253.40	27.18	0.66	74	55.51	26	17	9	0	112.67
ZX-CB-01-0104	16756.27	27.18	0.66	74	55.51	26	17	9	0	260.29

续表

地块编号	地块面积（m²）	设计雨量（mm）	径流系数	年径流总量控制率（%）	面源污染物去除率-以SS计（%）	透水铺装率（%）	下沉式绿地率（%）	生物滞留措施率（%）	其他调蓄容积	LID调蓄容积
ZX-CB-01-0105	7843.54	27.18	0.66	74	55.51	26	17	9	0	121.84
ZX-CB-01-0106	62800.04	27.18	0.66	74	55.51	26	17	9	0	975.52
ZX-CB-01-0107	45502.62	27.18	0.65	74	55.51	26	17	9	0	706.83
ZX-CB-01-0108	16159.43	52.70	0.43	90	66.36	11	13	2	0	405.49
ZX-CB-01-0109	13238.96	25.34	0.66	72	59.76	36	13	7	0	274.64
ZX—CB-01-0110	23718.92	25.34	0.66	72	59.76	36	13	7	0	492.04
ZX-CB-01-0111	79463.99	25.34	0.66	72	59.76	36	13	7	0	1648.46
ZX-CB-01-0112	17784.13	25.34	0.66	72	59.76	36	13	7	0	368.93
ZX-CB-01-0113	14242.39	25.34	0.65	72	59.76	36	13	7	0	295.46
ZX-CB-01-0114	11592.46	52.70	0.43	90	66.36	11	13	2	0	290.89
ZX-CB-01-0115	28650.32	25.34	0.66	72	59.76	36	13	7	0	594.34
ZX-CB-01-0116	14551.88	52.70	0.43	90	66.36	11	13	2	0	365.15

表中指标说明：

（1）地块标号、地块面积应与控制性详细规划一致。

（2）年径流总量控制率：根据多年日降雨量统计数据分析计算，通过自然和人工强化的渗透、储存、蒸发（腾）等方式，场地内累计全年得到控制（不外排）的雨量占全年总降雨量的百分比。

（3）城市径流污染物去除率：城市地表径流污染是指地表沉积物与大气沉降物在降雨的淋溶和冲刷作用下，扩散性进入水体，造成城市水环境质量下降的过程；城市径流污染削减率指地表径流污染进入水体前相对于其产生量削减的比例，可以用特征污染物（例如SS）的削减比例代替。

（4）下沉式绿地率：高程低于周围汇水区域的绿地占绿地总面积的比例。

（5）生物滞留设施率：通过植物、土壤和微生物系统蓄渗、净化径流雨水的设施的总面积占下沉式绿地总面积的比例。

（6）透水铺装率：人行道、停车场、广场采用透水铺装的面积占其总面积的比例。

（7）其他调蓄容积：其他可用于雨水调蓄的设施总容积，包括雨水罐、调蓄池等。

5 智慧海绵

5.1 系统构架

智慧城市是全球信息化、数字化发展到一定阶段的必然要求。海绵城市是先进的雨水管理理念的中国化表述，其在中国得到了最广泛的认同，也必将得到最充分的发展。智慧城市的发展，能为海绵城市建设提供强有力的技术支撑。海绵城市的发展，又可以为智慧城市建设提供充分发挥其价值的土壤和重要的应用场景。智慧城市和海绵城市建设，均是今后新型城镇化建设的重要组成部分。

构建智慧海绵，用最先进的信息化手段，实现海绵设施的科学管理，是完成海绵设施绩效考核，并最大限度发挥其效益的最佳途径。海绵城市智慧管控的核心内容可归结为：摸清家底、评估现状、确定目标、分派任务和持续保障。而从管控技术手段上，实现信息采集-现状评价-计划制定的联动反馈链条才是智慧管控的最终目标和展现形式。不仅要基于信息化的手段获取海绵城市建设信息，还需要通过智能化的手段分析现状达标面积，展示达标面积空间分布，更需要通过智慧化的方法，根据现状制定未来工作计划，并实时动态调整。

智慧海绵城市系统是以新一代信息技术（以云计算、大数据、移动互联网、物联网等为代表）和科学管理理论为基础，建立城市水环境综合管理体系、雨水资源化利用管理系统、城市防洪排涝综合管理体系和海绵城市建设运行管理体系，为实现海绵城市中的径流总量控制、径流峰值控制、径流污染控制、雨水资源化利用等目标提供信息化支撑，辅助对城市范围内水的循环全过程进行最优化管理，提高政府和相关各方在规划控制、投资决策、运营管理、预警和应急指挥等方面的综合绩效和科学化水平，有效应对自然灾害和生态危机，在城市化过程中促进人与水、人与自然和谐相处。通过平台建设，能够科学合理地规划海绵建设时序，加强精细化管理能力，提升海绵城市整体运营水平。

“智慧海绵城市”系统由感知层、传输层、平台层以及应用层组成。感知层主要实时在线采集流量、水位、雨量、土壤墒情、渗透率、空气温湿度、水质以及视频等信息；传输层由专用 RTU 和电信公网组成，实时读取和处理各类传感数据并传输到平台层；平台层主要对接收到的信息进行收集、存储、整理、分析；应用层则以数据为基础，主要实现对“海绵城市”的监测信息、项目信息、评价考核、法律法规等进行综合展示。其架构见图 5.1。

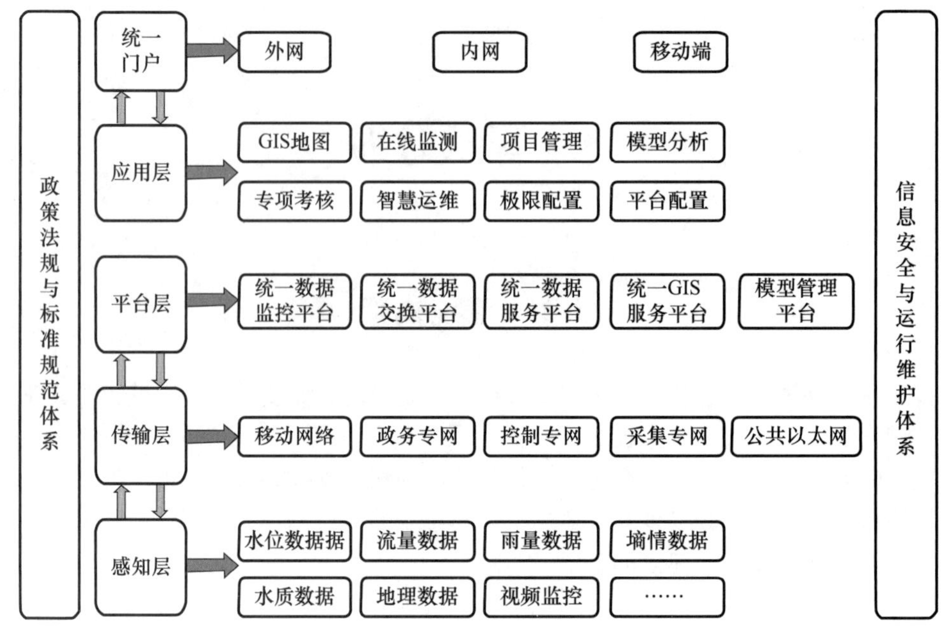

图 5.1　海绵城市智慧系统架构图

5.2　云平台

数据交换与服务共享平台为海绵城市管理、政府决策、信息公开提供全面的多层次的数据服务。同时，平台对公共的服务和通用业务服务进行归纳和封装，为构建在其上运行的各应用系统提供各类通用功能。

以 GIS 地图实现对环境、监测点、河流流量、水质情况、监测设备运行情况进行远程可视化管理。对辖区内的各个监测点进行独立管理，查询对应监测点的站点信息、设备运行状态、远程闸门控制、水泵控制、监测数据查询等。整合分析监测点回传的实时数据进行对比分析，生成各类相关性分析图表，直观展示各项数据指标。统计分析结果可作为领导检查、指挥分析、政府报告的数据来源。监测点配置预设报警信息，当数据临近超标时即出现预警提示，可实现监测管理、预警管理、预警设置管理、实时监控等。视频监控可将监测现场时间以图片、视频方式回传至管理中心，方便管理者实时关注现场情况，以此作为预计调度的决策依据（图 5.2）。

5.3　数字孪生

海绵城市数字孪生平台以 GIS 等技术为基础，打造海绵城市实体的数字孪生模型。在虚拟的数字模型上，展开海绵城市规划、建设、运维等全生命周期的管理，实施海绵城市—海绵片区—海绵项目—海绵设施的自上而下的模板管理模式，为海绵城市中的水生态、水安全、水环境、水资源的综合管理和海绵城市建设效果的定量化考核，提供强有力的智慧化支撑，科学合理地管理海绵城市规划、建设、管理各个阶段，加强精细化、智慧化管理能力，促进海绵城市设计方案最优化、建设过程最细化、运营效益最大化。

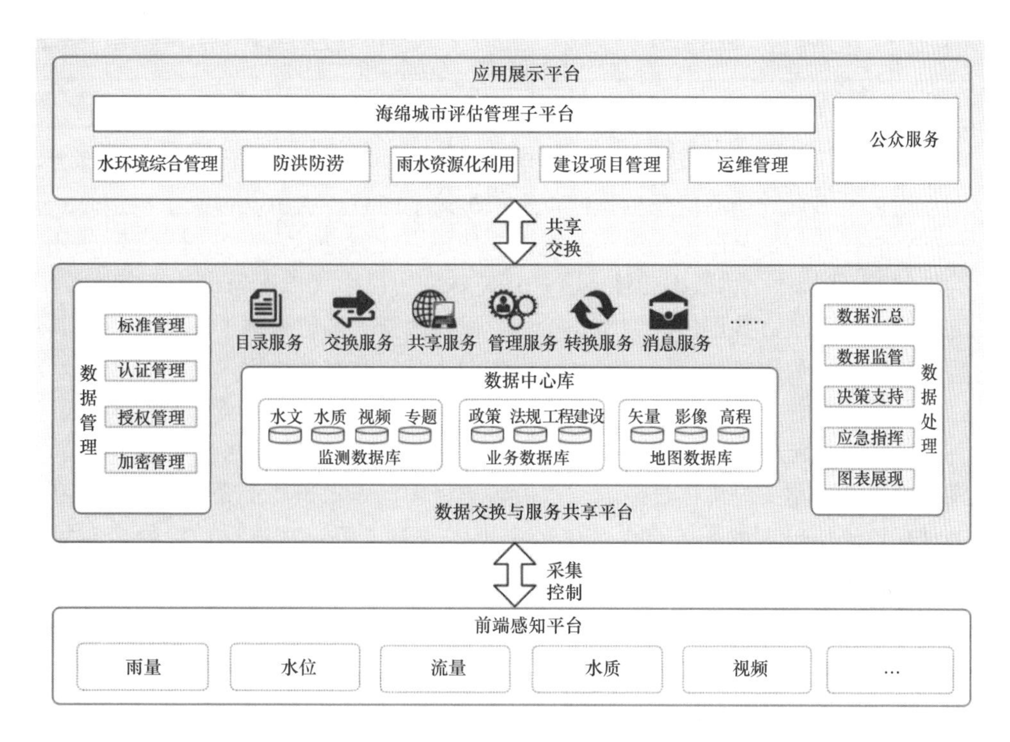

图 5.2 智慧海绵系统云平台图

利用采集的数据和地理空间信息，不间断地对水流量进行监控，根据实际情况安排泄洪任务，做到地表与地下流量数据互联共通。提供准确的数据，让决策者轻松掌控整个城市的水循环，并且能对灾害做出准确的预估和判断。平台对各类监测设备数据接入和分析，实现数据实时同步、互联互通，通过对监测数据的分析，能及时发现异常数据并进行预警。

数字孪生海绵城市管控平台是为了让海绵城市更加智能，将多类型传感器部署在城市排水管网、河道、蓄水池等地。实时动态采集各类数据，通过分析、关联和处理，呈现海绵城市的总控制效果和目标，实现城市排水、水环境、用水以及水体监控的智能化管理（图 5.3）。

图 5.3 智慧海绵数字孪生排水管网图

5.4 远程运营管理

海绵城市系统分为前端数据采集、无线数据传输、后端监控及分析系统三部分。前端数据采集：部署在各地的前端采集设备采集水位、雨量、水质以及流量等信息，并提供现场的实时图像传输与图像抓拍。无线数据传输：无线通信部分通过 RTU 使用 3G/4G 信号进行无线传输，将数据传输或者使用特殊的协议格式传送到市、县级监控平台。后端监控及分析系统：数据传送到中心端后，通过数据大屏或者数据库服务器等其他数据分析设备，进行数据整合分析，同时也将数据信息实时推送给用户。

在设备供电异常、通信中断、异常开箱时自动远程报警。在测点水位、流量、浊度等指标到达预先设定阈值时，现场监控终端立即自动报警至监控中心。通过对景观河、人工湖、蓄水池等重要海绵体进行水质水位监测，掌握雨水积蓄状况，确认再生利用方式。通过在道路历史积水区域布设水位监测点，及时了解积水情况，以便应对城市内涝；在地块排水口监测排水量，快速掌握城市建成区的径流量控制效果。通过布设地下水和温度监测设备实施在线监测，了解气温变化趋势，对热岛效应进行定量化考核，同时了解水质、地下水水位变化，评估海绵城市水资源保护成果（图 5.4）。

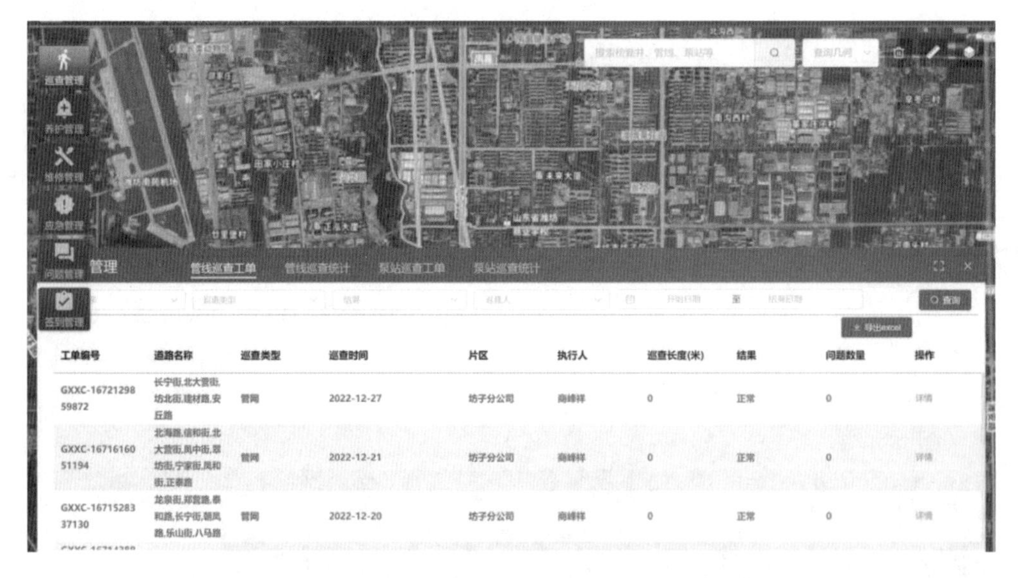

图 5.4　智慧海绵远程运管图

5.5 监　　测

“智慧海绵城市”监测系统包含城市水系、公园绿地、小区公建、市政道路、城市排水管道等多类下垫面进行低影响开发设施改造之后的实时在线监测。在线监测通过 RTU 使用 3G/4G 信号进行无线传输等方式，将温度、水位、风速、风向、雨量、色度、浊度等数据传输到在线监测平台。经过软件平台的系统性处理后再通过 LED 显示屏直观、快捷地展现给用户。用户也可以通过电脑、手机端 App 实时查看监测点的数据，进行雨水水质分析。

通过在线监测建设区域内降雨量、地下水位、土壤墒情以及空气温湿度等生态指标，有效评价建设区域年径流总量控制率、生态岸线恢复状况、地下水位、城市热岛效应等。通过在线监测水体水质，包含COD、氨氮、总磷、浊度（SS）和pH等水环境指标，有效控制水体黑臭现象，保障海绵城市建设区域内的河湖水系水质不低于《地表水环境质量标准》（GB 3838—2002）Ⅳ类标准，且优于海绵城市建设前的水质；地下水监测点位水质不低于《地下水质量标准》（GB/T 14848—2017）Ⅲ类标准，或不劣于海绵城市建设前；雨水径流污染、合流制管渠溢流污染得到有效控制。通过在线监测社区排水出口和调蓄模块的雨污水流量、公园进出水流液位，并视频监控管网运行状态，综合评价污水再生利用率、雨水资源利用率以及管网漏损现状。通过查看渍水点降雨记录、水位记录以及视频监测记录等，必要时通过模型辅助判断城市暴雨径流，可做好暴雨内涝灾害防治工作；查看水源地水质检测报告和自来水厂出厂水、管网水、龙头水水质检测报告，保证居民饮用水安全（图5.5）。

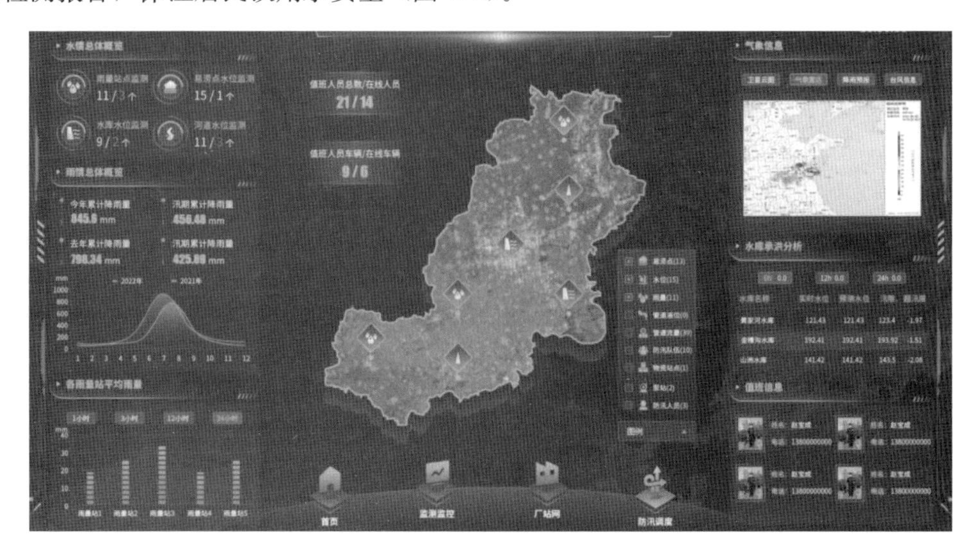

图5.5　智慧海绵监测管理图

5.6　案例分析

以青岛市海绵城市建设为例，对智慧海绵系统的解析如下。

5.6.1　项目概况

在青岛市申报第二批海绵城市试点城市的背景下，建设青岛市智慧海绵城市系统。通过在线监测、定期填报、系统集成等手段，集成基础地形、在线监测、定期检测、项目填报、指标计算等多源、多格式、多类型数据，建立可评估、可追溯的海绵城市一体化管控考核平台，实现海绵城市建设效果的可视化、全方位展示，支撑海绵城市试点建设综合管理。不仅为青岛市海绵城市建设提供了长期在线监测数据和计算依据，也为海绵城市规划、建设、运营、管理提供了全过程信息化支持。

青岛市海绵城市试点区位于李沧区，总面积 $2.524\times10^3 hm^2$，区域地处胶州湾东岸的中枢地带，是青岛服务区域的重要陆路交通枢纽、商贸商务中心，是建设青岛城市副中心的重要战略节点，是企业环保搬迁、依据新城建设、承接人口疏解、均衡公共服务资源配置以及生态城市建设的重点区域。

青岛市智慧海绵系统可作为海绵城市建设运营的基础支撑，记录规划设计—施工建设—运营管理的全过程信息，为设施建设、运行、考核提供依据，自下而上动态统计分析项目量，动态计算总体控制指标达标情况，提供基于现场情况的应急预警手段，加强青岛市海绵城市建设的整体管控，探索青岛市海绵城市试点建设的长效管控机制，从而科学有序地推进青岛市海绵城市建设，为青岛城市建设的长远发展提供良好的支撑（图 5.6）。

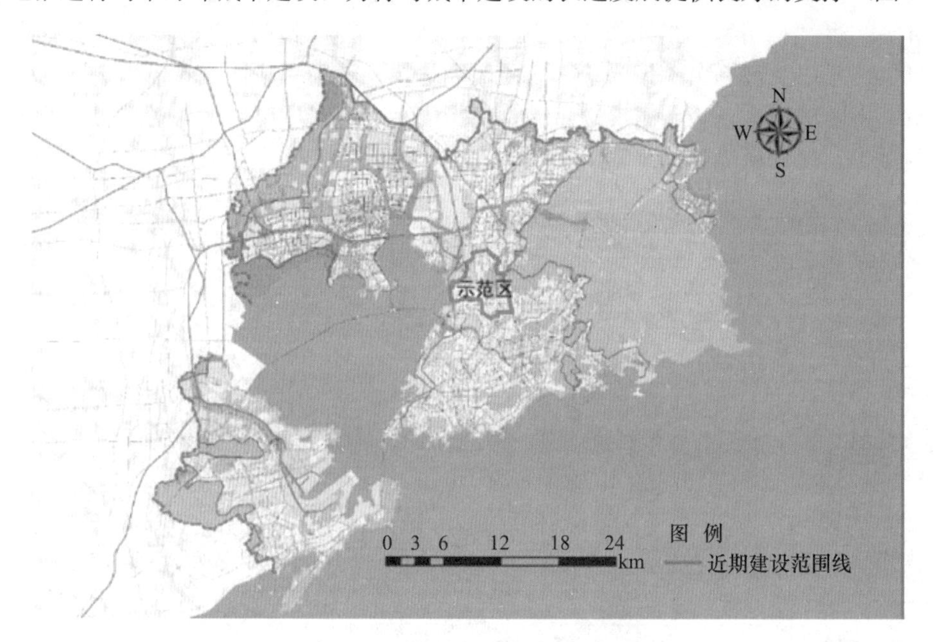

图 5.6　青岛市智慧海绵城市建设范围图

5.6.2　项目系统构架

以海绵城市建设效果为核心，以详细的过程数据为支撑，建立可评估、可追溯的智慧海绵系统，支撑国家级、市级的海绵城市综合管理，同时为后续的应急管控提供支撑。针对海绵城市建设的设计目标和需求分析，在系统设计中考虑如下技术要点。

（1）以一张地块规划图为基础海绵城市构建过程的动态化与可视化展示。

（2）通过示范区、分区、地块和低影响设施四个部分的划分，实现不同层次的信息关联和分级显示。

（3）规划目标自上而下分解，设施实施情况自下而上反馈。

（4）以城市规划范围的“年径流总量控制率”为总目标，以各地块中低影响开发设施的“单位面积控制容积”为综合控制指标，并考虑集成下沉式绿地率及其下沉深度、透水铺装率、绿色屋顶率、生物滞留设施等单项或组合控制指标，各类设施逐步补充完善规划、设计、运营等数据。

（5）集成在线监测数据和数学模型，通过动态分析技术，不断提高管控平台的智能化水平。

在系统构架上，智慧海绵系统平台分为三个层次，由下到上分别为基础软硬件支撑平台、综合数据库和应用子系统。其中，应用层按照建设运营单位、地方政府、国家主管分三个不同层级，实现信息的协同与互动，支持海绵城市建设管理。系统以海绵城市信息采集管理与共享应用为核心，逐步构建多方协同动态连接的整体管控平台，形成分层、分模块的一系列工具与系统（图5.7）。

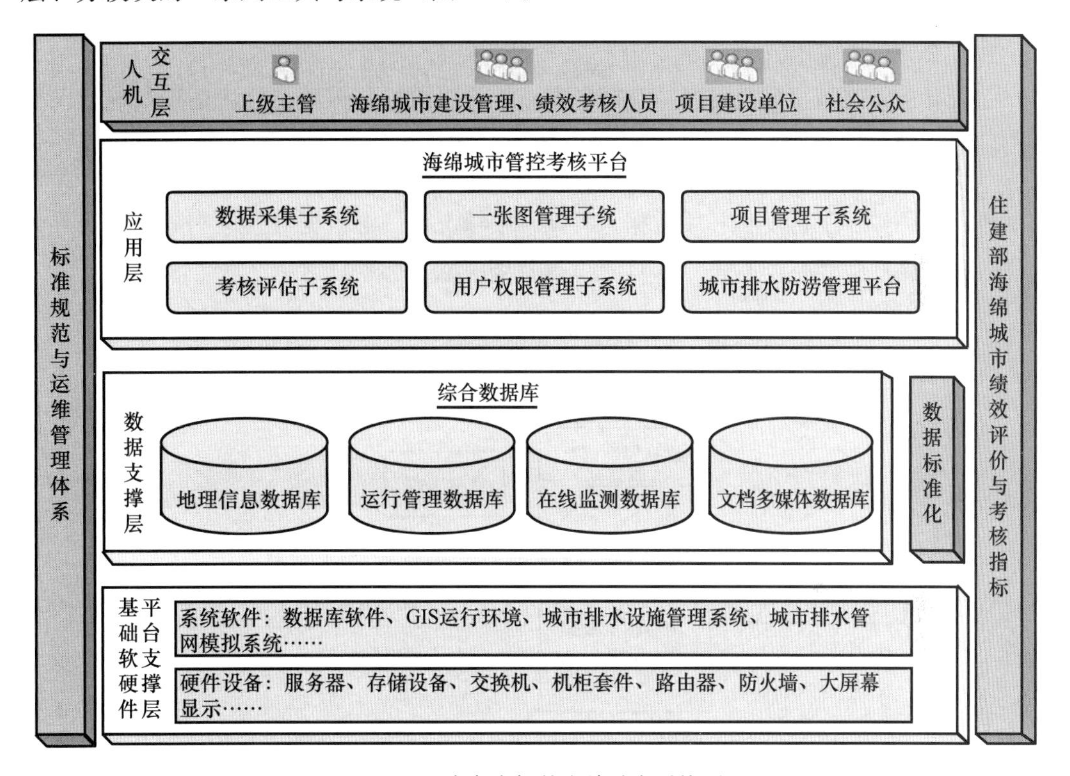

图5.7　青岛市智慧海绵城市系统图

5.6.3　项目建设成果

5.6.3.1　*数据支撑层*

1. 地理信息数据库

基础地形数据是基础地理信息系统的基础数据，它的建设是基础地理信息系统工程建设的重点内容；地形数据库的建立对于加快城市的信息化建设具有重要作用。利用青岛已有基础地理信息数据作为空间定位的基础，以高程点、等高线等城市地标数据作为地形分析的基础。结合现状及需求分析，考虑青岛市海绵城市建设后续信息化建设需求。基础地形数据库包括基础地形图、影像图、DEM数据三类数据，三类数据均采用青岛当地坐标系作为标准坐标系（图5.8）。

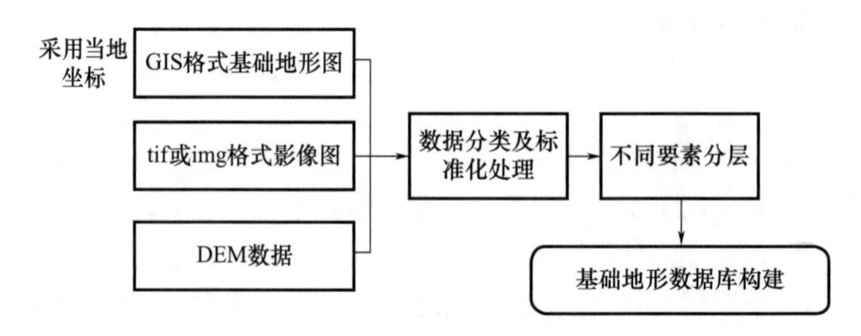

图 5.8 基础地形数据标准化入库

2. 运行管理数据库

结合青岛海绵城市建设与考核管理的需求，运行管理数据库主要包括项目建设及定期统计两大类数据。项目建设数据主要包括项目建设单位定期统计更新的项目整体情况、项目建设过程数据、设施维护数据等；定期统计数据主要包括满足海绵城市考核需求的雨水利用数据、再生水利用数据、管网漏损情况、气温数据等。这些数据均需导入运行管理数据库中相应的表单，并且需符合数据库表单的设计要求（图 5.9）。

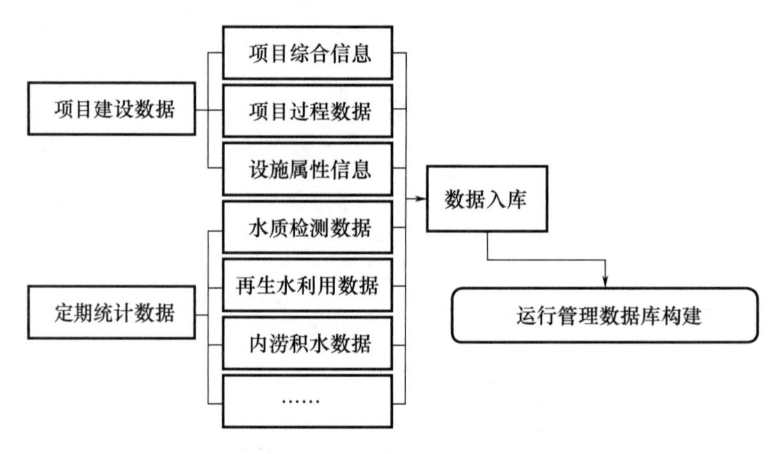

图 5.9 运行管理数据入库流程

3. 在线监测数据库

青岛市海绵城市试点建设区根据《青岛市海绵城市建设专项规划》，划分为楼山河汇水分区、板桥坊汇水分区、大村河汇水分区三个控制单元。在楼山河汇水分区的北部、南部，板桥坊汇水分区的西部，大村河汇水分区的南部布设在线雨量监测点，每个点布设 1 台在线雨量计，共 4 台。试点区内共规划建设 45 个雨水排放口，布设在线液位计 17 台，在线超声波流量计 28 台，在线 SS 检测仪 28 台。在区域地下水监测方面，设置 7 处地下水监测固定探井、8 台在线超声波流量计对河道水系流量进行监测，10 台在线液位计用于河道水位变化及预警预报，8 台 SS 检测仪检测河道水系水质。根据管网上下游结构分析，初步预测在管网关键节点布设 28 台在线超声波流量计（图 5.10）。

4. 文档多媒体数据库

文档类文件包括海绵城市相关的规划建设管控、城市蓝绿线管理投融资、绩效考核、产业化发布的各项政策及制度文件，以及与项目建设管理相关的过程文档。图片类文件包括项目建设效果或建设过程调查现场的照片等。其入库流程见图 5.11。

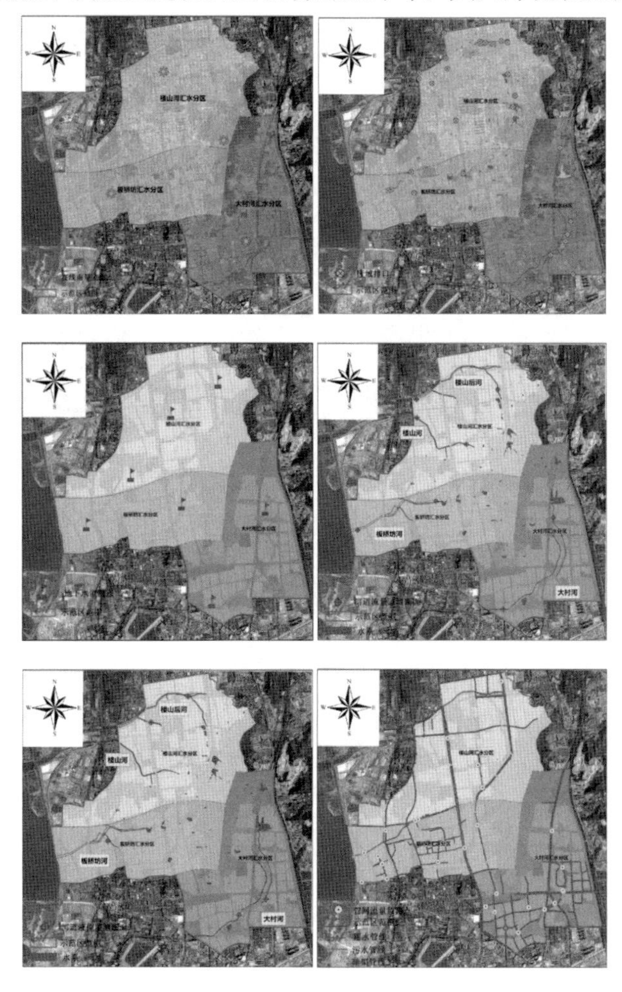

图 5.10 青岛市海绵城市指标在线监测布点图

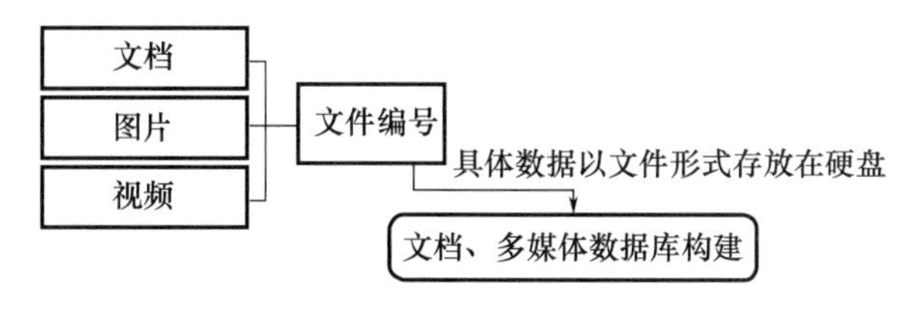

图 5.11 文档多媒体数据入库流程

5.6.3.2 *应用层*

1. 数据管理子系统

数据管理子系统采用 B/S 和 M/S 混合架构，既可通过网页浏览器访问系统，又可通过手机端进行数据的填报。数据管理子系统是智慧海绵系统的基础数据支撑，支持多种类型格式数据批量导入、导出，提供数据表、趋势线、分布图等多种数据展示方式。

主要功能模块包括化验数据填报及审核、项目信息填报及审核、监测数据集成、政策文件管理（图 5.12）。

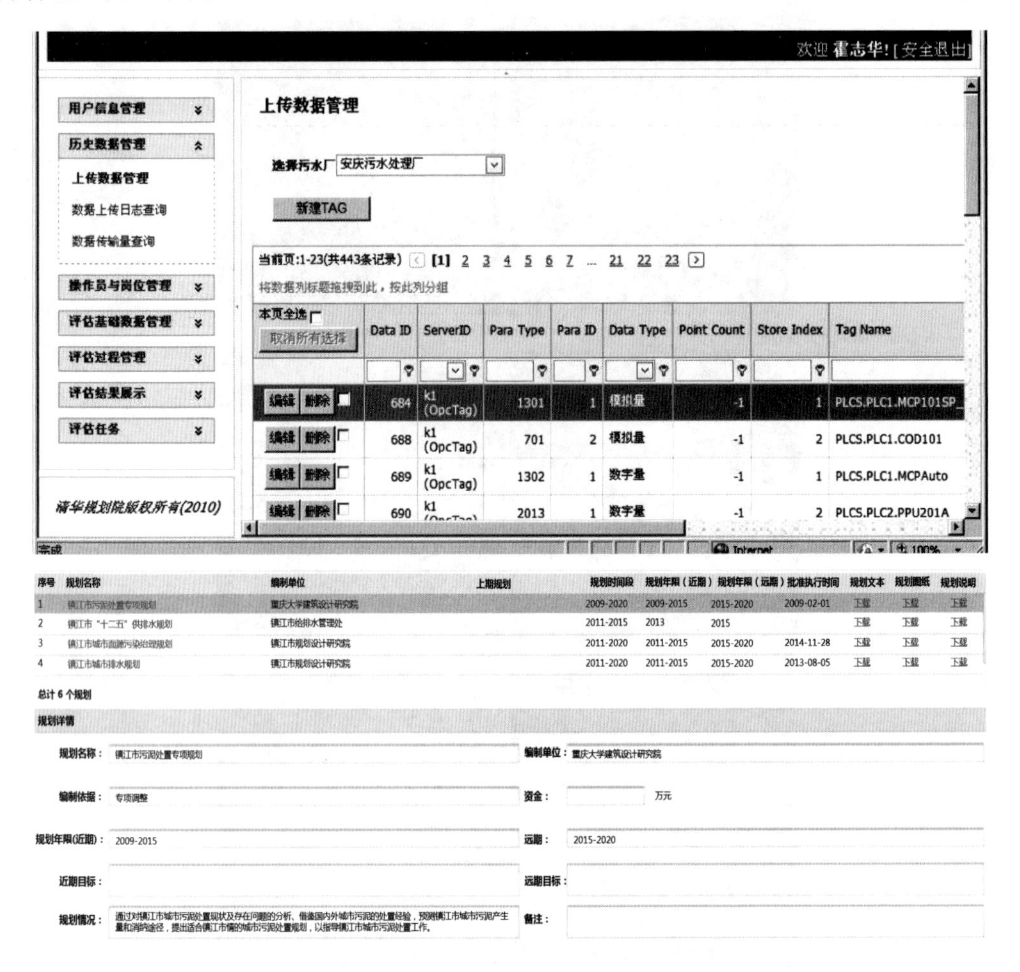

图 5.12　数据管理界面示例图

2. 一张图综合展示子系统

一张图是青岛市智慧海绵系统建设的综合可视化窗口，紧密围绕考核指标体系，以地块规划图、项目考核图、监测信息图和考核指标图为抓手，实现目标、建设、考核的一体化展示。政府管理部门可通过一张图查看海绵城市的过程数据与实施效果，甚至某项目中 LID 设施的空间布局、控制指标详情及设施监测数据。主要功能模块包括地图发布与实现、项目全方位管理、考核专题图显示（图 5.13）。

3. 项目管控子系统

提供海绵城市建设项目的属性信息、位置信息、设施建设信息等内容的管理，及时上报项目建设进度、运行维护等内容，方便海绵城市建设管理部门对项目的分级、分类、分阶段查询，对项目进行全过程信息的跟踪，对项目全要素查看，以此为基础进行有效监控，进而对海绵城市建设各类设施的运行维护与优化改造提供指导作用。主要功能模块包括项目分级管理及查询、项目过程跟踪、项目全要素查询（图 5.14）。

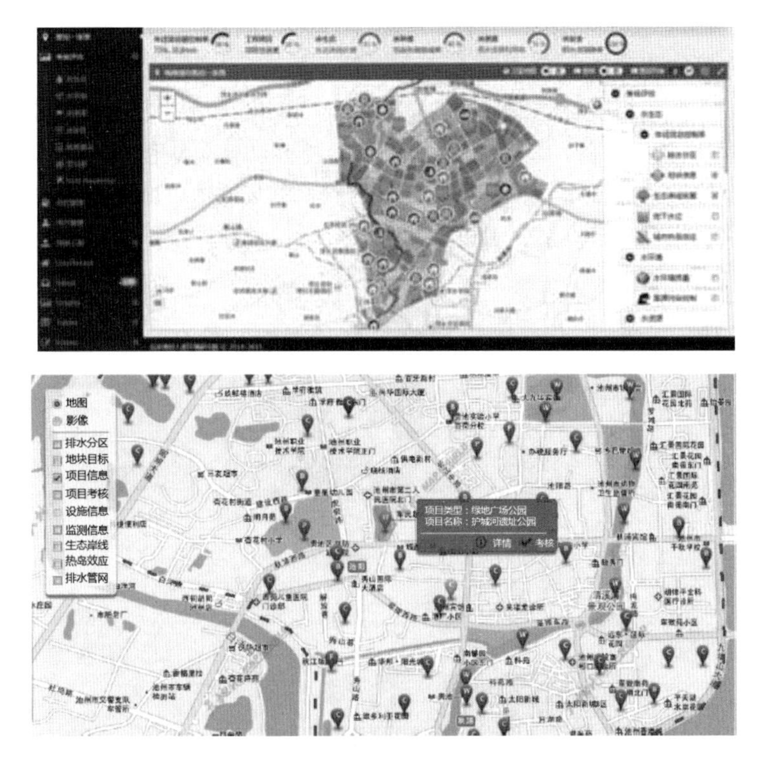

图 5.13 一张图项目查询管理界面示例图

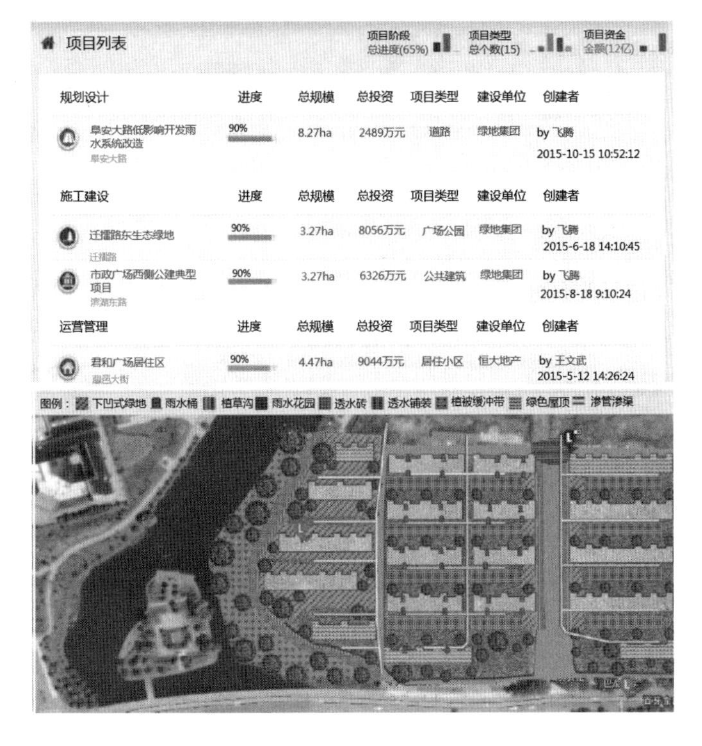

图 5.14 项目管理子系统界面示例图

4. 考核评估子系统

考核评估子系统以青岛市海绵城市建设效果为核心，基于在线监测数据、填报数据、系统集成数据，支持海绵城市建设效果的全方位、可视化、精细化评估，并通过多种展示方式进行考核评估指标的综合展示、对比分析等。主要功能模块包括考核评估动态计算引擎、年径流总量控制率考核评估、城市面源污染控制考核评估、城市暴雨内涝灾害考核评估、雨水资源化利用率考核评估、考核指标预警分析、考核评估综合报表（图 5.15）。

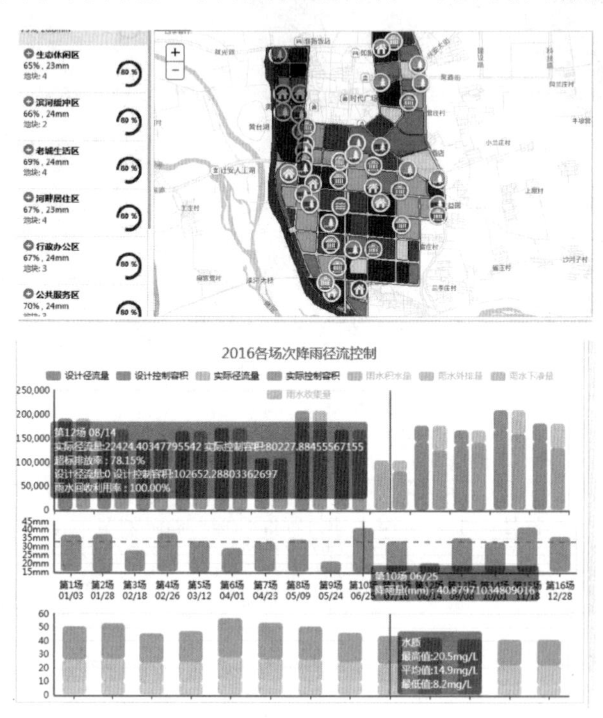

图 5.15　考核评估子系统界面示例图

5. 公众参与子系统

公众参与子系统实现海绵城市建设过程与公众的互动咨询，加深市民对海绵城市的认识、理解和支持，培育公众的参与意识，动员全民参与，努力营造全社会积极推进海绵城市建设的良好氛围。主要功能模块包括信息发布、内涝预警预报、公众投诉建议（图 5.16）。

图 5.16　公众参与子系统界面示例图

6 参考文献

[1] 王琰，基于大连海绵城市建设的排水路面材料研究［D］. 哈尔滨：哈尔滨工业大学，2019. DOI：10.27061/d. cnki. ghgdu. 2019. 005582.

[2] Peter J C，John R A. Figtree Place：a case study in water sensitive urban development［J］. Urban Water，2000，4（1）：335-343.

[3] Martin C，Ruperd Y，Legret M. Urban stormwater drainage management：the development of a multicriteria decision aid approach for best management practices［J］. European Journal of Operational Research，2007（181）：338-349.

[4] Phil J，Neil M. Making space for unruly water：Sustainable drainage systems and the disciplining of surface runoff［J］. Geoforum，2007，38（2）：534-544.

[5] 廖朝轩，高爱国，黄恩浩. 国外雨水管理对我国海绵城市建设的启示［J］. 水资源保护，2016，32（1），42-5.

[6] 王浩，梅超，刘家宏. 海绵城市系统构建模式［J］. 水利学报，2017，68（9）：1009-1014.

[7] SHINICHIRO N，TAIKAN O. Paradigm Shifts on Flood Risk Management in Japan：Detecting Triggers of Design FloodRevisionsintheModern Era［J］. Water Resources Research，2018（8）：5504-5515.

[8] 国务院，国务院关于加强城市基础设施建设的意见［Z］. 2013，36.

[9] 国务院，城镇排水与污水处理条例［Z］. 2013，641.

[10] 张震宇，丁利，田川，等. 流域打包系统治理，护送—泓清水北上—宿迁市中心城市西南片区水环境综合治理实践［J］. 城市建筑，2022，66（8）：32-33.